新編 物理学実験
〈第 3 版〉

出口 　博之

井上 　和樹

小田 　　勝

田中 　将嗣

茶屋道 宏貴

中尾 　　基

美藤 　正樹

東京教学社

著者紹介

出口　　博之　（九州工業大学・名誉教授）

井上　　和樹　（九州工業大学　技術部・技術専門職員）

小田　　　勝　（九州工業大学大学院工学研究院・准教授）

田中　　将嗣　（九州工業大学大学院工学研究院・助　教）

茶屋道 宏貴　（九州工業大学　技術部・技術専門職員）

中尾　　　基　（九州工業大学大学院工学研究院・教　授）

美藤　　正樹　（九州工業大学大学院工学研究院・教　授）

はしがき

　本書は，工学系の基礎科目としての物理学実験を，学部 1 年生向けに実施，教育するための教材として編集されたものである。2018 年度に九州工業大学工学部においてクォーター制の導入および学部改組に対応するために改訂された「新編物理学実験〈第 2 版〉」の教科書をさらに改編したものである。

　第 2 版では，従来の 15 週授業用を 8 週用に改訂したが，内容の大きな変更は出版期限の都合上，見送らざるを得なかった。そこで，今回はクォーター制での 8 週授業での実施経験を踏まえて，8 週用の教科書として全般の改編を行った。改編にあたって，学部 1 年生用の物理学実験の教材であることを意識して，全体的に内容を分かりやすく，コンパクトにまとめることを基本方針とした。

　「第 I 部　総説」では，「1. 緒論」を「1. はじめに」と改題して，一般的注意，実験の進め方および実験報告書の作成について，物理学実験の最初の講義内容に即して改訂した。「2. 測定値と誤差およびその取り扱い方」においても，なるべく分かりやすいことに重きを置いて，難解な部分，式の導出および証明等を省いて分量を減らした。ただし，間接測定の最確値および誤差，最小二乗法などは，最初の授業の演習内容に即した具体例を追加した。

　「第 II 部　実験」では，第 2 版に続いて，実験テーマを更に削除，変更した。具体的には，「熱電対の起電力」を削除し，より熱力学の分野に相応しい「固体の比熱」を新しく実験テーマとして追加した。また，電気系のテーマが第 2 版では 4 テーマと多く，「電気回路」と「オシロスコープ」で内容が重なる部分もあり，「オシロスコープ」のテーマを削除した。さらに，実際の実験を体験することを重視する立場から，「コンピュータ・シミュレーション」も削除した。これによって，力学系の実験が 2 テーマ，電気系の実験が 3 テーマ，光学系が 3 テーマ，熱力学系が 1 テーマ，原子物理系が 1 テーマの計 10 テーマで実験を構成することになった。また，すべての実験テーマにおいて，記述を見直し，簡潔・分かりやすさを徹底した。実験作業が行いやすいよう，「ニュートン環」の実験テーマでは装置の改良も進めた。

　「第 III 部　参考資料」において，「1. 単位」では，2018 年 11 月の第 26 回国際度量衡総会において新しい国際単位系（SI）が採択され，2019 年 5 月 20 日から施行されたことを受けて，基本単位の定義を改訂した。「2. 諸定数表」においても定数値を 2018 CODATA 推奨値に改訂した。また，具体的な定数表においても，本書での実験テーマに即した内容に整理した。

　改組前の工学部のカリキュラムでは，物理学実験は学部 2 年生の履修科目であった。これは，学部 1 年生での物理学の講義を履修した後で，実験に取り組んだ方が物理を理解しやすいのではという配慮からであった。改組に伴い学部 1 年生に物理学実験を履修させてみて，まずは実験から入って，物理を身近に感じることの方が良いかもしれないと思い始めた。教科書に書いてある法則を最初に覚えることよりも，実験により法則を"実感"してから物理の勉強をする方がよい場合もあるからだ。第 2 版の「はしがき」では，「講義と並行して実施する 1 年生用の物理学実験のあるべき姿を検討した上で改編を行うことを予定している。」と述べているが，果たして「あるべき姿」は見えてきたのかは心許ない。学生が物理学の法則を実験で体得するだけではなく，自分で装置を動作させて実験する"楽しさ"，測定がうまく出来たときの"喜び"が実感できるような物理学実験になれば幸いである。

旧教科書の「物理学実験」第 1 版（東京教学社）の出版から早いもので 25 年余り経過した。この間，当初の物理学実験の担当教員・職員の方は，私を除いて皆様退職された。この第 3 版の出版を機に執筆者を一新しましたが，前版までの執筆者の諸先輩方の長年に亘るご尽力には心から感謝を申し上げます。

最後に，「新編物理学実験〈第 3 版〉」を刊行するまでの，企画，編集，校正までの種々のご支援をいただいた東京教学社の関係各位に心からの感謝の意を表します。また，本書は，TeX システムを用いて記述されており，その技術的な支援をいただいた三美印刷 (株) 松崎修二氏に感謝いたします。

2021 年 4 月 1 日

著者代表　出口博之

目　　次

第 I 部　総　説

第II部　実　験

4. 光のスペクトル

5. ニュートン環

8

第III部　参　考　資　料

イラスト：梅本　昇

第I部　総　　　説

1. は じ め に

1.1 物理学実験の目的と一般的注意

物理学は自然界を対象とする**経験科学**である。物理学は自然界に横たわる種々の法則性を探求するとともに、実験・観測に基づいてその法則の適用性と応用性を検証する。多くの理工学の分野は物理学をはじめとする自然科学の発展の上に築かれているために、理工学を体系的に学ぼうとするときは、基礎的な物理学を身につける必要がある。第一義的にはこのような目的のために理工系学部の 1, 2 年のカリキュラムには、物理学実験が物理学の講義とともに準備される。特に物理学実験は、理工学の種々の研究実験に共通する基礎的実験法の学習という重要な役割を担っている。

物理学実験には以下のような 3 つの学習目的がある。

- **(1)** 実験を通して物理の法則性 (物理量間の関係) やその応用性を知ること。

- **(2)** 基礎的な実験方法を習得し、測定誤差、精度について理解するとともに、基本的実験機器の使用法に習熟すること。

- **(3)** 実験データの取り方を学び、整理の仕方および報告書 (レポート) の作成を訓練すること。

このような目的をもつ物理学実験を効果的に行うには、充分な準備と主体性をもって実験に取り組まなければならない。物理学実験では、学生にとって一定時間内に実験が終了するような、かつ教育効果の高い実験内容が準備されているが、実験そのものには研究実験との区別は全くない。したがって、常に研究意欲をもって実験に臨むことが大事である。科学の歴史を見ると、"思わぬ発見"が多い。ただし、これは、研究者の注意深い探究心の中での予測とは異なる "思わぬ結果" という意味であって、漫然とした実験態度では期待しようもないことである。学生実験においても、主体性と知的好奇心をもって取り組むことが重要である。

一般的注意を以下に述べる。

(1) "実験を行う"ということは、事前の実験計画、実験日の実験測定と結果の整理、および報告書の作成、の 3 ステップからなる。ここで、事前の実験計画とは、当日行う実験の目的、原理、実験方法などを十分理解して、事前に実験の計画をすることである。予習してこれらのことをレポート用紙に整理して記入すればよい。報告書の作成は、1.3 (実験報告書の作成) を参考にして、所定の日時 (原則として、次の実験日) に提出する。

(2) 実験室では、動きやすい服装の着用が望ましい。帽子やオーバー、レインコート、サンダルなど実験に不適な服装は禁ずる。

(3) 実験室には関数電卓 (ノート型パソコンも可)、方眼紙 (算術目盛のグラフ用紙)、秒表示の (腕) 時計を持参する。対数目盛のグラフは実験指導室に用意している。

(4) 測定機器は、その原理、使用法を理解して、丁寧に使用する。

(5) 物理学実験専用の大学ノートを必ず準備し，測定値を記録するだけではなく，実験当時の状況も書き留めておく。実験ノートの記述を修正したいときは，消しゴムを使わずその箇所に線を引いて後で読み返すことができるようにしておく。一度誤りと思っても後で元の記録の方が正しいと気付くこと，元の記録が参考になることもあるからである。実験ノートには，実験番号，実験テーマ，年月日，共同実験者名，天候，気温なども記録しておく。ノートは見開きの新しい左ページ上から書き始める。測定値は左のページに記録し，その測定値を見ながら右のページで計算して評価すると間違いを減らすことができる。

(6) 得られた実験データはその場で定められた処理をして結果を直ちに計算する。その計算結果の実験値が予測される標準値などの結果と誤差範囲内で一致しているかどうかを確かめる。実験データとその結果のうち図示できるものはその場でグラフに描く，または表にしてまとめて整理する。グラフの縦軸，横軸には物理量，単位，目盛を記入し，グラフのタイトルをグラフの下部に書き込む。

(7) もし実験結果が予測される標準値などの誤差範囲内で一致しないときは，不一致の原因を追究し，実験の不備不完全が原因であるときは，再度慎重に測定を行う。

(8) 実験データの整理と結果の計算など，(6)，(7) が終ったならば，実験ノートを担当教員に見てもらい，実験内容の点検を受ける。

(9) 使用した実験機器などは実験をする前の状態に戻し，次の実験者が直ちに実験に取り掛かれるように実験テーブル上の整理整頓をしなければならない。

(10) 実験が終了したら，実験指導室でテキスト巻末の物理学実験実施記録の該当の実験テーマ欄に検印をしてもらう。

(11) 実験報告書 (レポート) は，原則として，次回実験日の実験開始時刻までに提出する。これ以降に提出したレポートは，遅刻レポートとして取り扱う。

(12) 病気などでやむをえず実験を欠席した場合は，欠席届と補充実験願を実験指導室に提出する。補充実験は第 8 週目 (必要に応じて学期末) に行う。

1.2 実験の進め方

物理学実験では多人数が一斉に実験を行う。実験時間内に結果を出し，次回実験日までに報告書を仕上げるという実験の全ステップを完了するには，各々の学生が実験の内容をよく理解し，主体的に実験に取り組む姿勢が肝要である。不注意な実験をすると，報告書作成での多くの時間を費やさなければならなくなる。実験上の重要な点をよく把握して，疑問があれば実験当日のうちに実験指導者に質問をしておくと，報告書の作成は容易となろう。どの実験も 1.1 で述べた「一般的注意」にしたがえば，おおむね 120 分以内には終えることができるような配慮をしている。実験は原則 2 人で 1 組となって実験を行う。組は 1 回目の実験日 (講義) のときに決める。実験組は仕事を分担することによって，実験を効率的に進め，また討論の機会を与えるためでもある。互いに協力し仕事の分担を交代して，多様な役割の経験を積むようにする。実験をパートナーに一方的に依存すると，実験組はかえっ

て無益なものになってしまう。また，1 人ではできない実験もあるので，遅刻や欠席などでお互いに迷惑をかけないようにしなければならない。

　実験は，実際に自分で実験して初めて意義があるものである。したがって，この物理学実験は，原則として，指定された全ての実験を完了し，報告書を提出することを合格の前提条件としている。

1.3　実験報告書の作成

　実験ノートの各自の記録およびデータを基にして実験報告書を作成する。実験ノートと報告書は，本来，第三者に対して公開されるものである。実験ノートには，測定データなどを記録するだけでなく，実験中に気付いたこと，実験の状況を詳しく記し，実験報告書は，簡潔に分かりやすく整理整頓して仕上げる必要がある。報告書は以下のような構成にする。使用する用紙のサイズは A4 とする。

表紙　　所定の表紙を使用し，必要事項を記入する。

目的　　実験の目的をまとめる。

原理　　実験の基礎となる考え方や理論を教科書にしたがい，簡潔にまとめる。数式の誘導などは単に教科書を写すのではなく，十分に理解した上で書く。

装置および実験方法　　使用した装置の説明と実験方法を具体的に述べる。装置図，回路図，装置構成図などは省略しないで記入する。使用機器類は，装置名，規格，仕様などを一覧表にするとよい。

実験結果　　各自の実験ノートの記録を基に，測定値を含む実験データと計算過程を記入する。測定値と実験 (計算) 結果は，原則として，表とグラフにまとめて整理する。最確値と誤差の計算は有効数字を考慮して行い，求めた物理量には単位を明記する。表には通し番号とタイトルを表の上に付け，グラフは図として取り扱い，通し番号とタイトルを図の下に付ける。グラフの横軸，縦軸には物理量，単位および目盛を記す。表とグラフは，直角定規，コンパスおよび自在定規 (または雲型定規) などを使用して作成する。また，所定のデータシートに測定値などを記入する。

標準値との比較検討　　得られた実験値と第 III 部の参考資料などの標準値との比較を行う。実験値の誤差 (平均値の平均誤差) が求められる場合は，その誤差を計算し，実験値の誤差範囲内に標準値が入っているか，すなわち，両者が一致すると見なせるかを確認する (p.21 2.4.2.2 参照)。標準値が実験値の範囲外にある場合および実験値と標準値の違いが大きい場合には，実験過誤や計算間違いの可能性が高いので，元のデータに戻って各自の実験そのものを検討する。

結論　　実験によって分かった事実を簡潔にまとめる。

考察　　この実験で精度を上げるにはどのようなところに注意したらよいか，あるいは測定法の改善や他の実験法との比較などについて議論するとよい。このとき，関連の物理学や測定の文献を調べることをすすめる。他の文献を参考にしたときは，参考文献として，その書名，著者，出版社，引用ページなどを報告書の中に記しておく。さらに，この実験を通して理解が深まったことがあれば，実験に沿って具体的に述べる。この考察は規定の表紙の考察欄に書くことになっているので，この欄が不足した場合は別紙に追加してもよい。しかし，考察が不足している場合は再提出の指示を受けることになる。

問題　各実験テーマには最後に「問題」が設定されている。各テーマの内容を理解する上での基礎知
　　　　識を確認するためのものである。必ず解答して，その過程と結果を報告書に記入する。

　個人的な興味で行ういわゆる趣味実験では，報告書を書いて，実験の成果を第三者に知らせる必要
はないかもしれない。しかし，研究所や会社の中などおよそ社会的な繋がりをもつ活動 (仕事) として
の実験では，その実験の成果は第三者に報告しなければならないものである。このとき，その実験は
その報告書の内容で評価される。したがって，報告書は実験事実に基づいて明快に，ひとりよがりで
はなく，読みやすく書かなければならない。このような報告書を作成する訓練が，1.1 で述べた学習目
的の (3) である。

　このように，実験報告書の作成は観測および測定と同程度に重要な実験のステップである。とはいっ
ても，報告書の作成にだけ多大の時間や努力を必要とするようであってはならない。このようなとき
は，実験に取り組む姿勢そのものを振り返る必要がある。実験計画 (予習) と当日の実験を真剣に行
い，教科書をよく読み，実験目的，原理，装置および実験方法などは報告書に書ける程度にまとめて
おく。また疑問のあるところは，実験担当教員に質問をして実験の内容をできるだけ実験当日の内に
実験ノートに整理しておく習慣をつける。

2. 測定値と誤差およびその取り扱い方

例えば CD-ROM ディスクの直径を測定したい場合を考えてみよう。その測定に適する物差しやノギスなどで，その円盤の直径を数ヵ所測ると，測った値にはバラツキがあることに気付くだろう。そのときに，測定値の集合からそれを代表する最も確からしい値 (最確値) とその最確値の信頼性を誤差などで表現する。このような最確値やその値の信頼性などを合理的に評価する理論が誤差論である。そこでまず，物理学実験に最小限必要な誤差論の概要 (測定の種類，誤差，最確値などの測定用語の定義など) を勉強する。

2.1 測定と誤差

2.1.1 直接測定と間接測定の区別

測定に際して，ある物理量を直接に測定器具と比較して測る測定を**直接測定**という。例えば，物体の長さを物差しで測る，質量をはかりで測るなどの測定である。これに対して，求める物理量と一定の関係にある他の量を測り，計算によって求める物理量を得る測定を**間接測定**という。例えば，運動している物体の平均の速さ v を求める場合は，まず，移動した距離 (長さ) L を物差しで測り，移動するのに要した時間 t を時計で測る。そして $v = L/t$ という関係式を用いて計算して求める測定のことである。

2.1.2 誤差と残差の定義

真の値 (真値) X をもつある物理量を測定したところ，X_1，X_2，X_3，$\cdots$ のような値が得られたとする。これらの測定値は真値と必ずしも一致しない。ここで，

$$\varepsilon_i = X_i - X \qquad (i = 1, 2, 3, \cdots) \tag{2-1}$$

で表せる ε_i を**絶対誤差**または単に誤差という。また，絶対誤差と真値の比 $\dfrac{\varepsilon_i}{X}$ を**相対誤差**という。一般に測定の精度は絶対誤差ではなく，相対誤差で評価される。

真値 X が誰にも分からない実験では，絶対誤差 ε_i も知りえないことになる。そこで，測定値から最も確からしい値 (最確値)X_0 を合理的な方法で求めて，X_0 と X_i との差

$$v_i = X_i - X_0 \tag{2-2}$$

を**残差**という。

2.1.3 誤差が発生する原因

一般的に誤差はその原因によって次のように分類される。

過失誤差 測定者の不注意や測定の際の誤操作などに起因する誤差。

系統誤差 実験に関係する理論の不完全 (理論誤差)，測定器具の不良 (測定器具誤差)，測定者の未熟さや癖 (個人誤差) に起因する誤差。用いる理論の理解と周到な実験準備そして十分な実験能力・注意によってこの系統誤差を最小限に抑えなければならない。

偶然誤差　上記 2 項の誤差と関連のない測定者の関知しえない諸々の条件の微細な変化などに起因する偶発的誤差。偶然誤差は，正負同じ確率で起こる特徴をもつ。

以下では，このうち偶然誤差を単に誤差といい，その取り扱いを考える。

2.2　測定の精度と有効数字
2.2.1　測定の精度

実験分野で使う「精度」という用語には 2 つの意味がある。

測定器の精度　測定器で識別できる最小目盛である。しかし，一般には最小目盛の 1/10 を測定器の精度としている。例えば，1 mm 目盛りの物差しでは 0.1 mm がこの物差しの精度となる。

測定値の精度　この精度は相対誤差のことである。例えば，長さの測定値として 1285.3±0.2 mm と 19.75±0.05 mm がある場合，それぞれの相対誤差は $0.2/1285.3 \fallingdotseq 1.6 \times 10^{-4}$ ，と $0.05/19.75 \fallingdotseq 2.5 \times 10^{-3}$ となり，前者の方が精度の高い測定値という。

2.2.2　有効数字

測定値には一定の誤差がある以上，むやみに数字を並べても意味はないので，位取りのため生じる 0 は除いて，測定上意味ある桁数の数字を示す。この数字を**有効数字**という。

例えば，mm 目盛の物差しで棒の長さを測って 136.7 mm を得たとする。前述のとおり，この場合の測定の精度は 0.1 mm と考えられるので，1/100 mm の桁の数字は物理的には意味がない。したがって有効数字は 4 桁となる。ここで，単位を変えると，136700 μm などとなるが，0 は位取りのため生じた数字であって，有効数字ではない。このようなときは，1.367×10^5 μm と書いて，有効数字の区別をする。以下，四則演算における有効数字の取り扱い方と関数の引数の場合について説明する。

a) 加減算　有効数字の末位の桁が最も大きい測定値を基準とする。他の測定値の有効数字は，基準の測定値の最小桁の次の位まで残して以下を四捨五入する。これらの加減算の後，最小位の桁の四捨五入する。

$\quad$[例] $a = 24.27,\ b = 9.3462,\ c = 0.56752,$

$$a + b + c \quad \Rightarrow \quad 24.27 + 9.346 + 0.568$$
$$\Rightarrow \quad 34.184$$
$$\Rightarrow \quad 34.18$$

b) 乗除算　一般原則は，測定値のうち有効数字の最も少ない数字の桁より 1 桁余分に計算して，最後にその桁を四捨五入する。

$\quad$[例 1] $a = 21.33,\ b = 59.6$

$$a \times b \quad \Rightarrow \quad 1271$$
$$\Rightarrow \quad 1.27 \times 10^3$$

$\quad$[例 2] $a = 0.3,\ b = 27.5$

$$a \times b \quad \Rightarrow \quad 8.2$$
$$\Rightarrow \quad 8$$

[例 3] a=351.8, b=24.72

$$a \div b \quad \Rightarrow \quad 14.231$$

$$\Rightarrow \quad 14.23$$

c) 関数の引数の場合　関数値はその引数の値で大きく変わることがあるので，数桁数を多く残して関数値を求め，最後に引数の値の幅から推定できる関数値の幅より，意味ある数字の位の 1 つ小さい位で四捨五入するとよい。

[例] a= 21.3, b= 59.6 のときの $\sqrt{a^2 + b^2}$ を求めるとき

$a^2 + b^2 = 453.69+3552.16 = 4005.85$ の計算値はそのままにして，

$$\sqrt{4005.85} \quad \Rightarrow \quad 63.29$$

$$\Rightarrow \quad 63.3$$

とするとよい。

2.2.3　測定の精疎

図 2-1 のような横軸の物理量 x (変数) に対する縦軸の物理量 y の測定を考える。図 2-1(a) のように，x 軸の値を粗く変えたのでは変化の大きい y 軸のピーク位置付近は正確に把握できない。また，図 2-1(b) のように x をむやみに細かく取ることも実験能率的に適切ではない。この場合は，図 2-1(c) のように変化の大きいところは細かく (●)，不必要なところは粗く (○) 取るのがよい。具体的には，y の変化が大きいところをまず推定した上で，その近辺については x の細かさを変えて測定するという手法が正当な実験である。

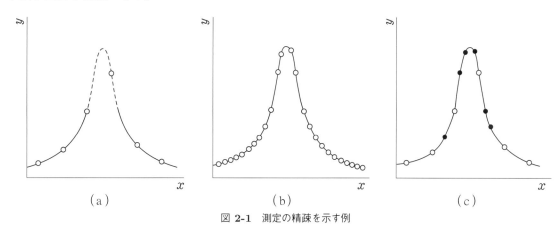

図 **2-1**　測定の精疎を示す例

2.2.4　測定精度の選び方

間接測定では，一般に，いくつかの量の**直接測定**の値を用いて計算される。このとき，その中のどれか1つでも測定精度が悪いと，求める間接測定値の精度が悪くなるので，間接測定では，**直接測定**する全ての量のそれぞれの誤差が最終的に求める間接測定値の誤差に同じ程度に影響するような測定をしなければならない。このことは式を用いると以下のように説明される。

求める量 Q が，直接測定される量 X，Y，Z，$\cdots$ の関数として，

$$Q = F(X, Y, Z, \cdots) \tag{2-3}$$

と表せるとする。この式の**全微分**をとると，

$$\delta Q = \frac{\partial F}{\partial X} \cdot \delta X + \frac{\partial F}{\partial Y} \cdot \delta Y + \frac{\partial F}{\partial Z} \cdot \delta Z + \cdots \tag{2-4}$$

となる。式の中の δQ，δX，δY，δZ，$\cdots$ は，測定値 Q，X，Y，Z，$\cdots$ の誤差に対応し，各誤差は正負を取りうるので，この式を Q で除して各項の絶対値をとると，**間接測定値**Q の**相対誤差**に関する次の不等式が得られる。

$$\left| \frac{\delta Q}{Q} \right| \leq \left| \frac{1}{Q} \frac{\partial F}{\partial X} \cdot \delta X \right| + \left| \frac{1}{Q} \frac{\partial F}{\partial Y} \cdot \delta Y \right| + \left| \frac{1}{Q} \frac{\partial F}{\partial Z} \cdot \delta Z \right| + \cdots \tag{2-5}$$

この式 (2-5) は，個々の直接測定の精度が間接測定の測定結果にどのように影響するかを示している。実験に際しては，各項の桁が同じになるように各直接測定の精度を事前に決めなければならない。

2.3　誤差の法則と誤差曲線

2.3.1　正規分布

直接測定で1つの物理量を多数回測定してみると，偶然誤差 (p.16 参照) の現れ方には次のような3つの法則が認められる。

(1) 小さい誤差が生じる確率は，大きい誤差が生じる確率より大きい。

(2) 絶対値の等しい正の誤差と負の誤差は同じ確率で現れる。

(3) 著しく大きい誤差が生じる確率はほとんど0である。

この誤差 $\varepsilon_i (i = 1, 2, 3, \cdots)$ が ε と $\varepsilon + d\varepsilon$ の間に現れる確率を $f(\varepsilon)d\varepsilon$ で与えるとき，この $f(\varepsilon)$ を**確率関数**という。ここで，誤差 ε_i は，式 (2-1) で定義されたように，測定値 X_i と真値 X の差 $\varepsilon_i = X_i - X$ である。

ガウス(C. F. Gauss (1777-1855) ドイツの数学者) は，上記の誤差の3法則および直接測定の最確値が算術平均で与えられることを仮定して，$f(\varepsilon)$ の関数形として式 (2-6) を導いた。

$$f(\varepsilon) = \frac{h}{\sqrt{\pi}} \exp(-h^2 \varepsilon^2) \tag{2-6}$$

これを**ガウスの誤差曲線関数**，またこのような誤差の分布を**正規分布**という。なお，h は**測定の精度**と呼ばれる。図 2-2 は誤差曲線 (正規分布) の例である。

この関数には，次のような重要な性質がある。

(1) $\varepsilon = \pm \dfrac{1}{\sqrt{2}h}$ に変曲点がある。

(2) $-\infty$ から $+\infty$ まで積分すると **1** になる。

(3) 変曲点の ε 値を $\pm\xi$ とおくと，$-\xi$ から $+\xi$ までの定積分は，約 0.68269 になる。すなわち，1 つの測定値の誤差が両変曲点の間に入る確率は約 **68.27 %** である。

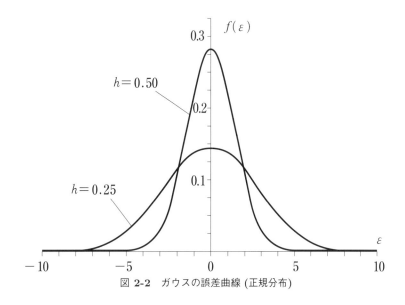

図 **2-2** ガウスの誤差曲線 (正規分布)

多くの測定において，測定値はある最確値のまわりに正規分布にしたがった分布をする。しかし，**原子核の崩壊による放射線発生の場合は正規分布とはならず，次項で述べるポアソン分布**となる。

2.3.2 ポアソン (Poisson) 分布

原子核の崩壊による放射線発生のような現象では，次のような性質がある。

(1) それぞれの事象が独立に起こる (すなわち，個々の原子核の崩壊は独立に起こる)。

(2) その事象数の平均値が存在する (すなわち，それぞれの放射性核種は固有の崩壊確率をもつ)。

このような場合の測定値は正規分布とは異なる分布を示す。このような事象が起こる確率分布はポアソン(Poisson) 分布で表すことができる。

このような事象が一定時間に平均 m (0 または正の整数) 回起こるとするとき，その事象がその時間に x (0 または正の整数) 回起こる確率 $P(x;m)$ は

$$P(x;m) = e^{-m} \cdot \frac{m^x}{x!} \tag{2-7}$$

で与えられる。

図 2-3 に**ポアソン分布**の例を示す。平均値 m が，例えば，10 程度以上に大きくなるにしたがい**正規分布**に近づく。

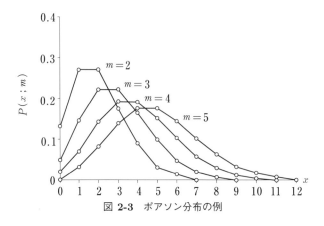

図 **2-3**　ポアソン分布の例

測定値 x の平均値 $\bar{x}$ はすでに m と定義されているが，これは

$$\bar{x} = \sum_{x=0}^{\infty} xP(x;m) = m \tag{2-8}$$

の計算から確かめることができる。確率密度関数 $P(x;m)$ から平均値 ($\bar{x}$) を求める式 (2-8) およびその数式処理については確率・統計学の参考書を参照してほしい。ポアソン分布は離散的確率分布の一種で，原子核の崩壊による放射線の発生の現象以外に，社会現象や生物現象など，広い分野で現れる分布である。ポアソン分布する測定量の標準偏差については 2.4.3 を参照してほしい。

2.4　直接測定の場合の最確値と誤差

2.4.1　最確値

直接測定の最確値 X_0 は，測定値 (X_1，X_2，X_3，$\cdots$) の**算術平均** $\bar{X}$ である。測定回数 n が十分大きいときは ε_i は正負同じ頻度で現れるので，次の式から，

$$
\begin{aligned}
\bar{X} &= \frac{X_1 + X_2 + X_3 + \cdots}{n} \\
&= \frac{(X + \varepsilon_1) + (X + \varepsilon_2) + (X + \varepsilon_3) + \cdots}{n} \\
&= X + \frac{\sum \varepsilon_i}{n} \to X
\end{aligned}
\tag{2-9}
$$

が得られ，測定回数 n が大きくなると第 2 項は 0 に近づくので，結果として多数平均は真値に近づくことが分かる。**直接測定の最確値は算術平均であることを，算術平均の原理**という。これは，2.3 で述べたように，誤差論の重要な基礎である。

2.4.2　測定値の分散と平均値 (最確値) の平均誤差

2.4.2.1　測定値の分散

2.3 で調べたように，測定値には広がりが生じる。算術平均で与えられた**最確値の信頼性を示す目安の 1 つは測定値の集合の広がり (測定値の分散)** である。この分散は次式

$$\sigma = \sqrt{\frac{\varepsilon_1^2 + \varepsilon_2^2 + \varepsilon_3^2 + \cdots}{n}} = \sqrt{\frac{\sum \varepsilon_i^2}{n}} \tag{2-10}$$

で表現される。この σ を **2乗平均誤差**または**標準偏差**という。

この σ はガウスの誤差曲線の変曲点の値 ξ に等しい。すなわち，測定を何回か繰り返すと測定値のうち約 68% が $X_0 - \sigma$ から $X_0 + \sigma$ の範囲内に含まれると期待できる。

一般の場合は真値が不明なので誤差 ε_i が不明であるから，式 (2-10) からは，直接に σ は計算できないが，式 (2-10) を残差 v_i を用いた式に書きかえた関係式

$$\sigma = \sqrt{\frac{\sum v_i^2}{n-1}} \tag{2-11}$$

があるので，標準偏差 σ は実測される残差 v_i を用いて求めることができる。

2.4.2.2 平均値の平均誤差

測定値群より最確値 (算術平均) X_0 が得られているので，算術平均 $\bar{X}$ の真値 X からの差の絶対値 $|\Delta| = |\bar{X} - X|$ (これを σ_{m} とおく) を求める。また，Δ と標準偏差 σ には次の関係がある。

$$n\Delta^2 = \sigma^2 \tag{2-12}$$

式 (2-11)，(2-12) より，

$$\sigma_{\mathrm{m}} = |\Delta| = \frac{\sigma}{\sqrt{n}} = \sqrt{\frac{\sum v_i^2}{n(n-1)}} \tag{2-13}$$

が得られる。この σ_{m} は**平均値の平均誤差**と呼ぶ。これは平均値 (最確値) の誤差 Δ の絶対値を意味する。

以上の議論より，測定結果の精度表示は，

$$\bar{X} \pm \sigma_{\mathrm{m}} \tag{2-14}$$

と表す。

これは最確値が $\bar{X}$ で，真値が $\bar{X} - \sigma_{\mathrm{m}}$ と $\bar{X} + \sigma_{\mathrm{m}}$ の間にあることを示している。したがって，平均値の**有効数字**は，平均値の平均誤差 σ_{m} の有効数字の桁まで計算する。σ_{m} の有効数字は通常 2 桁とする。数字が大きいときは 1 桁にとどめる。

実験レポートでは，直接測定値の最確値と誤差の表記については式 (2-14) を用いることにする。

2.4.2.3 標準偏差 σ と平均値の平均誤差 σ_{m} との相違点

標準偏差 σ と平均値の平均誤差 σ_{m} との相違点は重要であるので，再度，知識の整理をしておく。標準偏差 σ は，測定値群全体のバラツキ (分散) の程度を表し，平均値の平均誤差 σ_{m} は測定値群を代表する算術平均 (最確値) $\bar{X}$ のもつ誤差そのものを表すものである。ここで気付くべきことは，標準偏差 σ の方は測定回数 n をいくら増やしても一定値に近づくだけで，0 に近づくことはないことであ

る。一方の平均値の平均誤差 σ_{m} は n を大きくすると，式 (2-13) より $1/\sqrt{n}$ の割合で小さくなっていく。したがって，平均誤差 σ_{m} を 1/10 にしようと思えば測定回数を 100 倍にしなければならない。

　以上のような事情があるので，測定は 10 回程度行えばよい。むやみに測定を繰り返しても，労力の割には効果は少ない。実験を合理的かつ効率的に行い，測定の精度をあげようとする場合には，①測定方法そのものを考え直す，②実験技術の未熟 (過失誤差) や系統誤差を極力小さくする，③標準偏差 σ を小さくする工夫をするべきである。

2.4.3　ポアソン分布する測定量の標準偏差と測定値の表現

　ポアソン分布する測定量の平均はポアソン分布式 (2-7) の m に等しいことを，式 (2-8) で知ったが，では標準偏差はどうなるか考察を進める。

　標準偏差 σ の 2 乗は，

$$\sigma^2 = \sum_{x=0}^{\infty} (x-m)^2 P(x;m) = m \tag{2-15}$$

となって，m と一致するので，ポアソン分布での**標準偏差** σ は，

$$\sigma = \sqrt{m} \tag{2-16}$$

で与えられることが分かる。確率密度関数 $P(x;m)$ から，標準偏差 σ を求める式 (2-15) の導出については，確率・統計学の本を参照してほしい。m が十分大きいときは，m は個々の測定値 x に近づくので，結局，1 回の測定値は

$$x \pm \sqrt{x} \tag{2-17}$$

と表現することができる。すなわち，その事象発生数の測定値が x のとき，その真の発生数は約 68 ％の確率で $x - \sqrt{x}$ から $x + \sqrt{x}$ の範囲内に入っているというわけである。

2.5　間接測定の場合の最確値と誤差

2.5.1　間接測定の最確値

　求める物理量 Q が，互いに独立な物理量 X，Y，Z，$\cdots$ の関数

$$Q = F(X, Y, Z, \cdots) \tag{2-18}$$

で表せるときは，直接測定の物理量 X，Y，Z，$\cdots$ の個々の最確値 X_0，Y_0，Z_0，$\cdots$ を式 (2-18) に代入することで，**間接測定の物理量 Q の最確値 Q_0** を求めることができる。すなわち，この測定で求める量 Q_0 は

$$Q_0 = F(X_0, Y_0, Z_0, \cdots) \tag{2-19}$$

で与えられる。

　間接測定の具体的な例として円柱の体積 V の測定を考える。円柱の体積 V は，直径 D と高さ H を用いて，

$$V = \pi \left(\frac{D}{2}\right)^2 H \tag{2-20}$$

と表せる。ノギスなどを用いて，円柱の**直径** D と高さ H を直接測定により，最確値 D_0 と H_0 をそれぞれ求めたとする。これらの最確値を式 **(2-20)** に代入することで，円柱の体積 V の最確値 V_0 を次式のように求めることができる。

$$V_0 = \pi \left(\frac{D_0}{2} \right)^2 H_0 \tag{2-21}$$

2.5.2 間接測定の誤差

間接測定 $Q_i = F(X_i, Y_i, Z_i, \cdots)$ の残差 $v_{Q_i} = Q_i - Q_0$ は，各測定値 $X_i, Y_i, Z_i \cdots$ の残差 $v_{X_i}, v_{Y_i}, v_{Z_i}$ を用いて，

$$
\begin{aligned}
v_{Q_i} &= Q_i - Q_0 \tag{2-22} \\
&= \left(\frac{\partial F}{\partial X} \right) \cdot v_{X_i} + \left(\frac{\partial F}{\partial Y} \right) \cdot v_{Y_i} + \left(\frac{\partial F}{\partial Z} \right) \cdot v_{Z_i} + \cdots \tag{2-23}
\end{aligned}
$$

と表現することができる。一方，間接測定で求める量が式 (2-18) で与えられる場合の**平均誤差** σ_{Q_m} は直接測定の関係式 (2-13) が適用でき，

$$\sigma_{Q_\mathrm{m}} = \sqrt{\frac{\sum v_{Q_i}^2}{n(n-1)}} \tag{2-24}$$

であるから，式 (2-22)，(2-23) と式 (2-24) より，

$$
\begin{aligned}
\sigma_{Q_\mathrm{m}}^2 = \frac{1}{n(n-1)} &\left[\left\{ \left(\frac{\partial F}{\partial X} \right)^2 \cdot \sum v_{X_i}^2 + \left(\frac{\partial F}{\partial Y} \right)^2 \cdot \sum v_{Y_i}^2 + \cdots \right\} \right. \\
&\left. +2 \left\{ \left(\frac{\partial F}{\partial X} \right)\left(\frac{\partial F}{\partial Y} \right) \cdot \sum\sum v_{X_i} v_{Y_i} + \left(\frac{\partial F}{\partial X} \right)\left(\frac{\partial F}{\partial Z} \right) \cdot \sum\sum v_{X_i} v_{Z_i} + \cdots \right\} \right] \tag{2-25}
\end{aligned}
$$

となる。ここで，右辺の第2行目の $\sum\sum v_{X_i} v_{Y_i}, \sum\sum v_{X_i} v_{Z_i}, \cdots$ は，正負の誤差が打ち消しあうために n が十分大きいときは 0 に近づく。

したがって，直接測定の平均値の平均誤差 σ_{X_m}，σ_{Y_m}，$\sigma_{Z_\mathrm{m}}, \cdots$ で表すと間接測定の最確値 Q_0 の平均誤差 σ_{Q_m} は式 (2-13) より，

$$\sigma_{Q_\mathrm{m}} = \sqrt{ \left(\frac{\partial F}{\partial X} \right)^2 \cdot \sigma_{X_\mathrm{m}}^2 + \left(\frac{\partial F}{\partial Y} \right)^2 \cdot \sigma_{Y_\mathrm{m}}^2 + \left(\frac{\partial F}{\partial Z} \right)^2 \cdot \sigma_{Z_\mathrm{m}}^2 + \cdots} \tag{2-26}$$

となる。これより，式 (2-18) の間接測定の場合の平均誤差が求められる。式 (2-26) を**誤差伝播の法則**という。

間接測定の最確値の平均誤差の具体的な例として，2.5.1 の間接測定の最確値で例として用いた円柱の**体積** V の最確値 V_0 の平均誤差 σ_{mV} を考える。円柱の**直径** D と高さ H の最確値 D_0 と H_0 を直接測定により求め，その平均値の平均誤差をそれぞれ，σ_{mD}, σ_{mH} とする。式 (2-26) において，F を V，X を D，Y を H に置き換えると，**式 (2-20)** より，体積 V の平均値の平均誤差 σ_{mV} は，

$$\sigma_{mV} = \sqrt{\left(\frac{\partial V}{\partial D} \sigma_{mD} \right)^2 + \left(\frac{\partial V}{\partial H} \sigma_{mH} \right)^2} = \sqrt{\left(\frac{\pi}{4} 2DH \sigma_{mD} \right)^2 + \left(\frac{\pi}{4} D^2 \sigma_{mH} \right)^2} \tag{2-27}$$

と表せる。

2.5.3　最小二乗法を必要とする場合

2.5.3.1　観測方程式

2.5.1 では，物理量 (Q) 1 個だけを，直接測定した物理量 X，Y，Z，$\cdots$ を用いて間接測定する場合には Q の最確値 Q_0 は，X，Y，Z，$\cdots$ の最確値 X_0，Y_0，Z_0，$\cdots$ を関係式に代入した

$$Q_0 = F(X_0, Y_0, Z_0, \cdots)$$

の式 (2-19) で与えられることを示した。では，求める物理量が $m(\ m>2\ )$ 個ある場合はどのようになるか，考えてみる。まず，m 個の未知量（求める物理量）a，b，c，$\cdots$ に対して，

$$Q = F(X, Y, Z, \cdots; a, b, c, \cdots) \tag{2-28}$$

$$\text{ただし}, Q, X, Y, Z, \cdots; 直接測定の物理量$$

なる既知の関数関係があるものとする。ここで，物理量（X，Y，Z，$\cdots$）を少しずつ変えながら n 回の測定を行うと，測定値の組（Q_i，X_i，Y_i，Z_i，$\cdots$）が n 個得られる。これらを式 (2-28) に代入した方程式群

$$\left.\begin{aligned}
Q_1 &= F(X_1, Y_1, Z_1, \cdots; a, b, c, \cdots) \\
Q_2 &= F(X_2, Y_2, Z_2, \cdots; a, b, c, \cdots) \\
&\quad\vdots \\
Q_n &= F(X_n, Y_n, Z_n, \cdots; a, b, c, \cdots)
\end{aligned}\right\} \tag{2-29}$$

を**観測方程式**という。

測定回数 n が未知数の個数 m より少ないときは，式 (2-29) より未知数を求めることはできないことは明らかで，$n = m$ のときは，式 (2-29) は m 個の未知数を有する m 元の連立方程式となって，a，b，c，$\cdots$ は唯一に定まる。この場合は，ただ 1 個の直接測定に相当し，得られた値の信頼性は分からないので，この測定も不完全であるといわざるを得ない。したがって，測定回数 n は必ず未知数の個数 m より多くしなければならない。このようなときに a，b，c，$\cdots$ の最確値 a_0，b_0，c_0，$\cdots$ とそれらの誤差を統計的処理により求める方法が，以下に述べる**最小二乗法**である。

2.5.3.2　最小二乗法

$n > m$ のときは**観測方程式** (2-29) の解は不定となり，未知数は求められない。また，実際の X，Y，Z，$\cdots$ には誤差が含まれているため，式 (2-29) は厳密には成り立たない。そこで，両辺の差

$$q_i = Q_i - F(X_i, Y_i, Z_i, \cdots; a, b, c, \cdots)$$

$$(i = 1, 2, 3, \cdots, n) \tag{2-30}$$

を考え，これを q_i とおく。これは Q_i の誤差である。式 (2-30) には $i = 1$，2，3，$\cdots$，n にしたがって n 個の式があり，これを誤差方程式という。この**誤差 q** がガウスの正規分布式 **(2-6)** にしたがって現れるものとすると，その誤差が生じる確率は，

$$f(q_i)\mathrm{d}q = \exp(-h^2 q_i^2) \cdot \mathrm{d}q \tag{2-31}$$

で与えられる。したがって，1組の誤差 $(q_1, q_2, q_3, \cdots, q_n)$ が現れる確率 P は，

$$
\begin{aligned}
P &= f(q_1)f(q_2)f(q_3)\cdots f(q_n)(\mathrm{d}q)^n \\
&\propto \exp(-h^2(q_1^2 + q_2^2 + q_3^2 + \cdots + q_n^2))
\end{aligned}
\tag{2-32}
$$

となる。実際に現れる誤差は確率 P が最大となる場合であるから，

$$
q_1^2 + q_2^2 + q_3^2 + \cdots + q_n^2 = 極小
\tag{2-33}
$$

となる。

そこで，上式が成り立つときの a, b, c, $\cdots$ の最確値 a_0, b_0, c_0, $\cdots$ を求める。誤差方程式 (2-30) において，a, b, c, $\cdots$ の代りに a_0, b_0, c_0, $\cdots$ を入れた式

$$
v_i = Q_i - F(X_i, Y_i, Z_i, \cdots; a_0, b_0, c_0, \cdots)
$$
$$
(i = 1, 2, 3, \cdots, n)
\tag{2-34}
$$

を残差方程式という。式 (2-10)，(2-11) から分かるように，n が十分大きければ

$$
\sum v_i^2 = \sum q_i^2
$$

となるから，式 (2-33) の代りに

$$
S = v_1^2 + v_2^2 + v_3^2 + \cdots + v_n^2
\tag{2-35}
$$

が最小になればよい。したがって，a_0, b_0, c_0, $\cdots$ による極小条件

$$
\frac{\partial S}{\partial a_0} = 0, \quad \frac{\partial S}{\partial b_0} = 0, \quad \frac{\partial S}{\partial c_0} = 0, \cdots
\tag{2-36}
$$

が得られる。これを正規方程式という。これは m 個の未知数に対して m 個の式からなる連立方程式であり，a_0, b_0, c_0, $\cdots$ は唯一に決定されることになる。以上が最小二乗法の概要であるが，次ページの囲み記事で具体的な関数を用いた簡単な最小二乗法の例を説明する。

―――――――― 最小二乗法の具体例 ――――――――

　　2つの物理量 x と y の間に $y = ax + b$ という関係が仮定できるとする。

それらの測定値の組 (x_i, y_i)　($i = 1, 2, 3, \cdots, n$) から最小二乗法により最確値 a_0 と b_0 を求める。

　　式 (2-34) より残差方程式は下記のように表せる。

$$v_i = y_i - ax_i - b \tag{2-37}$$

式 (2-35) より残差の2乗の和 S は下記のように表せる。

$$S = \Sigma (y_i - ax_i - b)^2 \tag{2-38}$$

よって式 (2-36) より正規方程式は次のようになる。

$$\frac{\partial S}{\partial a} = -2(\Sigma x_i y_i - a\Sigma x_i^2 - b\Sigma x_i) = 0 \tag{2-39}$$

$$\frac{\partial S}{\partial b} = -2(\Sigma y_i - a\Sigma x_i - b\Sigma) = 0 \tag{2-40}$$

この連立方程式より最確値 a_0 および b_0 は下記のように得られる。

$$a_0 = \frac{n\Sigma x_i y_i - \Sigma x_i \Sigma y_i}{n\Sigma x_i^2 - (\Sigma x_i)^2} \tag{2-41}$$

$$b_0 = \frac{\Sigma x_i^2 \Sigma y_i - \Sigma x_i y_i \Sigma x_i}{n\Sigma x_i^2 - (\Sigma x_i)^2} \tag{2-42}$$

したがって最確値 a_0 および b_0 を求めるには Σx_i, Σy_i, Σx_i^2, $\Sigma x_i y_i$ および n の5つの量が必要である。

　　これらの最確値の具体的な計算例は，第 II 部　実験の「2.　ヤング率」の「結果の整理」の「表 2-2　最小二乗法による測定例」にある。図 2-4 に最小二乗法のイメージを示す。

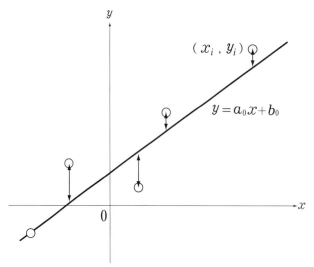

図 2-4　関数 $y = ax + b$ の場合の最小二乗法　データ (x_i , y_i) が与えられたときに，残差 $v_i = y_i - ax_i - b$ （グラフの矢印は残差の大きさ）の2乗和を最小にする直線 ($y = a_0 x + b_0$) を求める。

2.5.4 最小二乗法による最確値の誤差

一般的な関数の場合の最小二乗法による最確値の表記ならびにその誤差については，複雑になるのでここでは省略する。ここでは，この物理学実験で取り扱う最小二乗法の関数として線形関数の

$$y = ax + b$$

の場合の最確値 $(a_0,\ b_0)$ の誤差を近似的に求めた結果を示す。

a_0 と b_0 の平均誤差 σ_a, σ_b は次式で与えられる。

$$\left.\begin{array}{l} \sigma_a = \sqrt{\dfrac{\sum \delta_i^2}{n-2} \cdot \dfrac{n}{n\sum x_i^2 - (\sum x_i)^2}} \\[3em] \sigma_b = \sqrt{\dfrac{\sum \delta_i^2}{n-2} \cdot \dfrac{\sum x_i^2}{n\sum x_i^2 - (\sum x_i)^2}} \\[3em] \delta_i \equiv y_i - (a_0 x_i + b_0) \end{array}\right\} \tag{2-43}$$

最小二乗法による最確値および誤差の計算はかなり煩雑な印象はあるが，物理や工学における各種測定の際の強力なツールである。物理学実験では，$y = ax + b$ の線形関数の場合の最小二乗法をいくつかの実験テーマで用いるので，よく身に付けてほしい。

2.6 グラフの使い方と実験式

2.6.1 グラフの使い方

物理学実験では，注目している現象に関する複数の物理量 (データ) を測定し，それらの間の定量的関係を調べる。このとき，2つの物理量間の関係全体を直観的に把握し，あわせて，実験式を求めたり，測定の際に起り得るさまざまな原因の測定過誤 (ミス) のチェックを行うために，グラフにデータを表示する。このとき，以下に述べるようにグラフのデータができるだけ直線にのるように工夫する。直線に表現することによって，理論式との一致，不一致，現象の機構の変化 (直線が折れ曲る)，あるいは直線の傾きから得られる未知の物理量などについて，知見を得やすいからである。

直線にする工夫は理論式の関数形による。

$$y = ax + b \tag{2-44}$$

の場合は明らかに方眼目盛グラフ上では直線となる。しかし，

$$y = ax^b \tag{2-45}$$

の関数形は，このままでは方眼目盛グラフ上では曲線となるが，

$$X = \log_{10} x, \quad Y = \log_{10} y \tag{2-46}$$

とおくと，

$$Y = \log_{10} a + bX \tag{2-47}$$

となり，式 (2-44) と同様の直線の式に変換することができる。また，

$$y = ae^{bx} \tag{2-48}$$

の場合には

$$X = x, \quad Y = \log_{10} y \tag{2-49}$$

とおくことで

$$Y = \log_{10} a + b(\log_{10} e) \cdot X \tag{2-50}$$

となり，これも式 (2-44) と同様の直線の式に変換することができる。図 2-5 に式 (2-45) の $y = ax^b$ を通常の方眼目盛グラフにプロットして描いている。図 2-6 に図 2-5 の横軸 x，縦軸 y をそれぞれ $\log_{10} x$，$\log_{10} y$ に変換した両対数グラフにプロットした場合を示す。グラフは直線になり，実験の解析の見通しがよくなる。

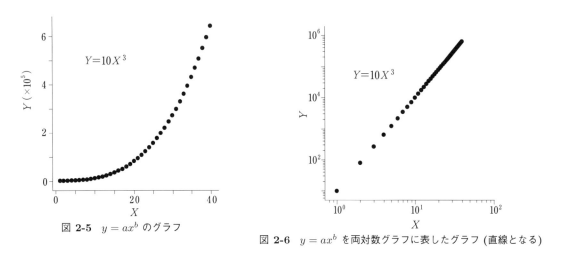

図 2-5　$y = ax^b$ のグラフ

図 2-6　$y = ax^b$ を両対数グラフに表したグラフ (直線となる)

　図 2-7 は，$y = ae^{bx}$ を通常の方眼目盛グラフにプロットしたものであり，図 2-8 は，横軸を x，縦軸を $\log_{10} y$ に変換した片対数グラフでプロットしたものである。グラフは直線になる。

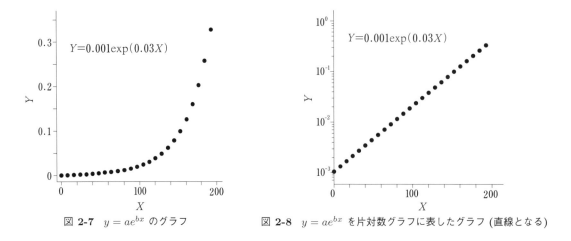

図 2-7　$y = ae^{bx}$ のグラフ

図 2-8　$y = ae^{bx}$ を片対数グラフに表したグラフ (直線となる)

以上で見たように，式 (2-45), (2-48) の場合にはそれぞれ両対数グラフ，片対数グラフに x, y をプロットすると変数変換をしなくても直線のグラフが得られる。これらの例から分かるように，仮に理論式が分からない場合でも，対数グラフを用いて測定値 (データ) をプロットしたデータが直線にのれば，それから容易に実験式を導くことができる。

図 2-9 に両対数グラフにおける真数の読み (目盛) を示すので，データをプロットするときの参考にしてほしい。

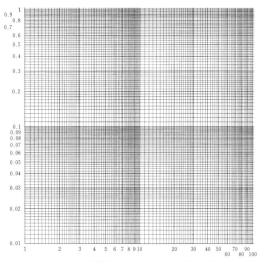

図 2-9　両対数グラフにおける真数の読み

その他，**グラフを描くときの一般原則**は次のとおりである。

(1) 横軸は変数 (X)，縦軸は従属変数 (Y) を表示する。

(2) 横，縦両軸の物理量とそれらの単位を明示する。

(3) そのグラフを表すタイトルをグラフの下部に記す。

(4) 両軸の表示範囲は，測定領域の全体をカバーするとともに，過度の空白部分が生じないように選ぶ。

(5) 2 つの物理量の関係をまず方眼目盛グラフに記入する。データが直線にのらず曲線のグラフになる場合は，片対数または両対数グラフを用いて表示してみる。

(6) 測定点の記入は，丸点の中央で測定値を表すとともに，測定誤差の大きさを書き入れる方がよい。少なくとも，丸点の直径が小さ過ぎてグラフの上のどこにあるか分かりにくかったり，逆に丸点のサイズを無意味に大きくしたりしてはならない。

(7) できれば，測定点にその測定精度 (誤差の範囲) を縦横の棒で表示する。これを一般に**誤差棒**という。

(8) グラフに記入した測定点の配列全体の形をみて，滑らかな実験曲線を描く。この場合フリーハンドで書くより，雲型定規や自在定規を使う方がよい。直線が予想される場合には，できるだけ多くの測定点がのるような直線を描く。正確には，2.5 で述べた最小二乗法によって求めた最確値を用いて直線を描く。

2.6.2　実験式の求め方

測定した物理量間の関係をグラフで図示するとともに，実験式として解析的に表現することは実験研究において最も重要な仕事の1つである。実験式を求めるときに，次の2つのケースが考えられる。(a) 関係式の形が理論的に予想，またはあらかじめ与えられている場合，(b) 関係式の形が理論的には与えられないか，またはそれを前提としない場合である。

(a) のケースでは，理論式中の未知定数を実験によって定めることになるが，最も合理的には最小二乗法を使うことである。関係式が1次式の場合の最小二乗法については，2.5 で詳しく述べた。

(b) のケースで実験式を誘導する**一般原則**を整理すると次のようになる。

(1) まずグラフで2つの物理量間の関係を図示し，測定点の配列全体を見ながら実験曲線を描く。

(2) この曲線を表すと考えられる式の関数形を推定する。

(3) この関数形が正しいかどうかチェックするために，この式の変数変換などで1次式に直して，変換した座標軸をもつグラフに測定値を記入して，グラフ上で直線になるかどうか調べる。もし，直線となれば，(2) の推定は正しいことになる。

第II部　実　　　　験

1. ボルダの振子

1 目 的

ボルダの振子の周期を測定し，重力加速度 g を求める。また，剛体の回転運動の理解を深める。

2 原 理

図 1-1 のような任意の形の剛体をその重心 G を通らない水平線 O のまわりで振動させるとき，これを剛体振子 (実体振子) と呼ぶ。この振子の水平な固定軸 O のまわりの**回転の運動方程式**は，

$$I\frac{\mathrm{d}^2\theta}{\mathrm{d}t^2} = -mgh\sin\theta \tag{1-1}$$

と書ける。ただし，I はこの剛体の固定軸 O のまわりの**慣性モーメント**(p.34 を参照)，m は剛体の質量，g は重力加速度，$h = \overline{\mathrm{OG}}$ で G は重心である。θ は支点 O と重心 G を結ぶ直線と鉛直線とのなす角である。

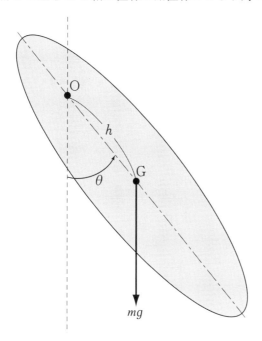

図 **1-1** 剛体振子

その振れの角 θ が小さいときは，$\sin\theta$ を**べき級数展開**して高次の項を無視し，

$$\sin\theta \fallingdotseq \theta \quad (\theta \ll 1) \tag{1-2}$$

と近似できる。したがって，式 (1-1) は，

$$I\frac{\mathrm{d}^2\theta}{\mathrm{d}t^2} = -mgh\theta \tag{1-3}$$

$$\frac{\mathrm{d}^2\theta}{\mathrm{d}t^2} = -\omega_0^2\theta \quad \text{ただし，} \quad \omega_0 = \sqrt{\frac{mgh}{I}}$$

【学ぶこと】

剛体振子は質点の振子（単振り子）と異なり，大きさと形のある剛体の振子である。質点の振子と剛体振子の違いを理解し，ボルダの振子により重力加速度を測定する。

★回転の運動方程式とは

$$I\frac{\mathrm{d}^2\theta}{\mathrm{d}t^2} = N.$$

ここで，$\theta\,[\mathrm{rad}]$ は回転角，$N\,[\mathrm{N \cdot m}]$ は回転軸まわりの力のモーメント (トルク)，$I\,[\mathrm{kg \cdot m^2}]$ は慣性モーメントである。この式の形は，**運動の方程式**，

$$m\frac{\mathrm{d}^2x}{\mathrm{d}t^2} = F$$

とよく似ている。

運動方程式は，(運動量の時間変化)=(力) と書ける。($\frac{\mathrm{d}p}{\mathrm{d}t} = F$). 回転の方程式は，(角運動量の時間変化) = (力のモーメント) と書ける。($\frac{\mathrm{d}L}{\mathrm{d}t} = N$). 角運動量は，運動量のモーメントであり回転の勢いを表す。

★$\sin x$ をべき級数展開すると

$$\sin x = x - \frac{x^3}{3!} + \frac{x^5}{5!}$$
$$- \frac{x^7}{7!} + \cdots$$

となる。

となり，単振動を記述する微分方程式と同じになる。このときの振動の周期 T は，

$$T = \frac{2\pi}{\omega_0} = 2\pi\sqrt{\frac{I}{mgh}} \tag{1-4}$$

である。式 (1-4) を変形して，重力加速度 g は，

$$g = \frac{4\pi^2 I}{T^2 mh} \tag{1-5}$$

【キーワード】
単振動と剛体振子

★剛体とは
剛体 (Rigid body) とは，物体を変形しないものとして考えるもの。変形しないとは，質点系 (質点の集まりとしての物体) のうちで質点間相互の位置関係が変わらないものといえる。実在する物体は完全な意味での剛体ではなく，変形する。

★慣性モーメントとは
運動方程式における質量は運動のしにくさを表現する物理量であるのに対し，慣性モーメントは，回転のしにくさを表現する物理量である。
一般に N 個の質点からなる系の慣性モーメント (Moment of inertia) は，

$$I = \sum_i^N m_i r_i^2$$

と定義される。
ここで m_i は質点 i の質量，r_i は回転軸から質点 m_i への垂直距離である。

となる。したがって，**剛体振子**の m，T，I，h を測定または計算で求めて，重力加速度 g を求めることができる。g を求めるための剛体振子としては，ボルダの振子とケーターの振子が考案されている。

ボルダの振子は，図 1-2 に示すようにナイフエッジ A のついた吊り金具に球 B を針金 C で吊るしたものである。ナイフエッジ A を水平な台の上にのせ，ナイフエッジ部分を軸としてボルダの振子の全体が剛体として振動するように振らせる。そのときの振動の周期 T およびボルダの振子全体の質量 m は測定により求め，慣性モーメント I は測定と計算により求める。これらの値を，式 (1-5) に代入して g を求めることができる。しかし，ボルダの振子では，球 B の質量を吊り金具，針金の質量に比べて大きくしてあるので，ボルダの振子全体の質量 m は，吊り金具と針金の質量を無視して，球 B の質量と考えてもよく，振子の重心は球 B の中心にあるとみなせる。さらに，針金の長さも長くしてあるので，I は吊り金具と針金の慣性モーメントを無視して，球 B の軸 A (ナイフエッジ) のまわりの慣性モーメントと考えてよい。

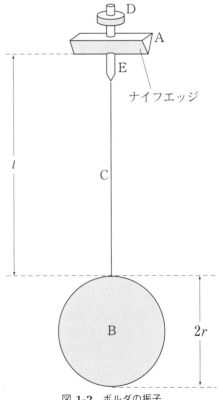

図 1-2　ボルダの振子

その結果，剛体振子の慣性モーメントは，図 1-2 より，

$$I = mh^2 + \frac{2}{5}mr^2 \left.\vphantom{\begin{array}{c}a\\b\end{array}}\right\}$$
$$h = l + r$$

(1-6)

となる。式 (1-6) の $2/5\,mr^2$ は球 B の中心を通る軸のまわりの慣性モーメントである。式 (1-5) に式 (1-6) を代入すると g は，

$$g = \frac{4\pi^2}{T^2}\left\{(l+r) + \frac{2r^2}{5(l+r)}\right\}$$

(1-7)

となる。

★平行軸の定理
ある剛体の重心を通る軸 A_G のまわりの慣性モーメントを I_G とすれば，重心からずれた A_G に平行な軸 A のまわりの慣性モーメント I は，剛体の質量を M，A と A_G 間の距離を h として，

$$I = I_G + Mh^2$$

と表せる。

③ 装置および器具

ボルダの振子 (鉄球，針金，ナイフエッジ)，望遠鏡，デジタルウォッチ，物差し，ノギス，数読取り器など

④ 方　　法

4.1 吊り金具の周期の調整

振子の振動におよぼす吊り金具全体の振動の影響をなくすために，吊り金具による強制振動を共振の状態にする。

(1) まず，壁に取り付けた堅固な台 H の上にナイフエッジの支持台 G をおき，高さ調整ねじ F_1，F_2 を調整して，支持合を水平にする (図 1-3)。

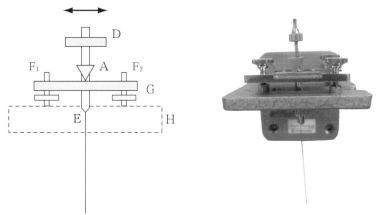

図 1-3　U 字形ガラス水平台とナイフエッジ

★剛体として振子を揺らす
剛体モデルで解析するので，振子が剛体とみなせるように振子を揺らす。つまり振子の変形をなくすために，錘 (おもり) が回転せず，また振子が壁に平行になるよう揺らす。

★吊り金具 (図 1-3) が振子の振動に影響しないように調整する。

(2) 次に吊り金具のチャック E に約 1 m の針金を付け，針金の他端に鉄球 B を付ける。これを図 1-3 のようにおき，10 回程度振らせて周期 T を測定して記録する。

(3) さらに，チャック E から針金をはずして，チャック D より上の吊り金具 (DAE の部分) だけを 10 回程度振らせて，その周期で T' を測定する。T' が (2) で求めた T に等しくない場合には (10 % 以上の差)，ねじ D を適当に上下して調整し再度 T' を測定し，T と比較する。T' が T にほぼ等しくなるまでこれを繰り返す。

★振子が鉛直真下を通過する時間を，ストップウォッチで測定し，周期測定表 (表1-1) のように記録する。

4.2　周期量の測定

(1) 振子をナイフエッジ (軸) に直角な面内で振動させるために，鉄球に糸を付けナイフエッジ (軸) と糸の方向が直角になるように少し引っ張っておいて糸を焼き切る。

　　＜注意＞ふれの角はなるべく小さくし (角度振幅を大体 3° 以内にし)，周期量の測定を始める。もし，球が平面内で運動せず楕円軌道を描くようならば，これは剛体振子でないので，(1) をやりなおす。

(2) 望遠鏡の十字線の中央を針金が右から左へ通過する時間を $t = 0$ とし，以後 10 回目ごとに右から左へ針金が通過する時間を 10 回続けて測定する。

(3) その後しばらく時間の測定は休み，振動回数は続けて数える。200 回目から再び 10 回目ごとの針金の通過時間を 10 回測定する。

　　200 回目から再び測定を始めるが，この場合再測定を始める数回前から望遠鏡をのぞき振動の回数も間違わないように再測定の準備をする。

4.3　針金の長さ l，球の直径 $2r$ の測定

(1) ナイフエッジから針金の下端までの長さ l をメートル尺を用いて 5 回測定し，最確値を求める。

(2) 錘 (おもり) の直径 $2r$ をノギスを用いて 5 回測定し，最確値を求める。

5　結果の整理

(1) 表 1-1 のように 200 回の周期 $(T_{200})_i$ の平均値 $\bar{T}_{200}$ およびそれぞれの残差 $v_i(= (T_{200})_i - \bar{T}_{200})$ を計算し，周期 T の最確値および平均値の平均誤差 σ_m を求める。

表 1-1　周期 T の測定用の表

回数	t_1	回数	t_2	$t_2 - t_1 = (T_{200})_i$	v_i	v_i^2
0	0	200				
10		210				
20		220				
⋮		⋮				
80		280				
90		290				

$$\bar{T}_{200} = \qquad \text{s}, \qquad \sum v_i^2 =$$

(2) 式 (1-7) へ求めた最確値 T，l，r を代入して，重力加速度 g を求める。参考資料 (p.134 表 2-9) から福岡の重力加速度の実測値を調べ，測定値の誤差 (平均値の平均誤差) 範囲内に実測値が入っているか確認する。

考察では，例えば

(1) 今回の測定において，測定精度はどの程度か。

(2) 測定精度を上げるのにはどうすればよいか，間接測定の平均誤差から考察せよ。

★参考資料 (p.134 表 2-9) の福岡の重力加速度 g の実測値を調べ，測定値との比較をせよ。

参考 ノギスの使い方

ノギス (キャリパー) は，1/10～1/20 mm 程度の精度で，物の長さや厚さ，球や円柱の直径，円管の内径，穴の深さなどを測定するのに用いられ，図 1-4 に示すように，金属製の主尺と，それに沿って動く副尺からできている。主尺，副尺には外径用ジョー，内径用くちばしが，さらに，副尺には深さ用の突起がついている。物の長さや厚さ，球の直径などの測定は外径用ジョーの先端の肉薄の箇所にはさんで行い，円管の内径などの測定は内径用くちばしを使って行う。穴の深さなどの測定は，主尺の下端を穴の縁にあてがい，深さ用の突起を穴の底に付けて行う。いずれの測定の場合にも，測定の前後で外径用ジョーを密着させ，0 点のずれを読んで 0 点補正することを忘れてはならない。

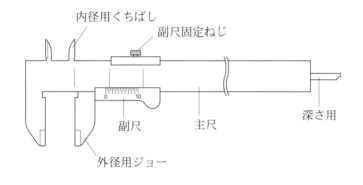

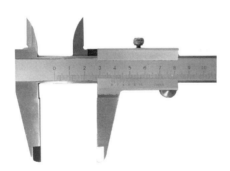

図 1-4 ノギス (キャリパー)

アナログ式の計器の場合，最小目盛の 1/10 まで目測するのが基本であるが，目測する代わりに，主尺目盛の 1/10 目盛あるいはそれよりもさらに精密に読み取れるように工夫したものが**副尺 (バーニヤ)** である。主尺の $(2n-1)$ 目盛をとって n 等分した副尺は，主尺の最小目盛りの $1/n$ まで読み取ることができる。例えば，主尺が 1 mm 目盛の場合，主尺の 19 mm を 10 等分した副尺を用いると 1/10 mm まで目測でなく読み取ることができる。図 1-5 に通常使われている主尺が 1 mm 目盛で，主尺の 39 mm を 20 等分した副尺のノギスの使用例を示す。主尺の読みは 41，主尺と一致した副尺の目盛は 4.0 なので，この例では 41.40 と読むことができる。

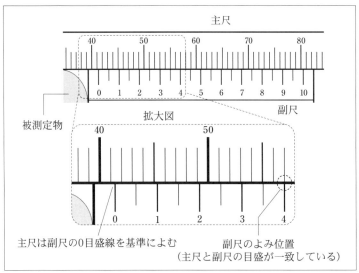

図 1-5　ノギスの使用例

—— 計算例 ——

★間接測定の誤差評価： p.23 を参照

> ★残差＝測定値 - 平均値
>
> 標準偏差 ＝ 平均 2 乗誤差 ＝ $\sqrt{\dfrac{\text{残差の 2 乗の合計}}{\text{測定回数}-1}}$

直接測定のデータ

$$l = 98.62 \pm 0.05 \,\text{cm}$$

$$r = 1.920 \pm 0.002 \,\text{cm}$$

$$T = 2.0130 \pm 0.0004 \,\text{s}$$

$$\pi = 3.14159$$

関係式は式 (1-7) より，

$$g = \frac{4\pi^2}{T^2}\left\{ (l+r) + \frac{2}{5}\frac{r^2}{(l+r)} \right\}$$

であるから，式 (1-7) に $l = 98.62$，$r = 1.920$，$T = 2.013$，$\pi = 3.14159$ を代入することにより，g の最確値 g_0 として，測定の精度より 1 〜2 桁余分に計算して，

$$g_0 = 979.656 \,\text{cm/s}^2$$

としておく。次に，第 I 部 誤差伝播の式 (2-26) に以下の数値

$$\frac{\partial g}{\partial l} = \frac{4\pi^2}{T^2}\left\{ 1 - \frac{2}{5}\left(\frac{r}{l+r}\right)^2 \right\} \cong \frac{4\pi^2}{T^2} = 9.743 \,\text{s}^{-2},$$

$$\frac{\partial g}{\partial r} = \frac{4\pi^2}{T^2}\left\{ 1 + \frac{2}{5}\frac{r^2 + 2rl}{(l+r)^2} \right\}$$

$$\cong \frac{4\pi^2}{T^2}\left\{ 1 + \frac{4}{5}\frac{rl}{(l+r)^2} \right\} = 9.889 \,\text{s}^{-2},$$

$$\frac{\partial g}{\partial T} = -\frac{8\pi^2}{T^3}\left\{ (l+r) + \frac{2}{5}\frac{r^2}{(l+r)} \right\}$$

$$= -2\frac{g_0}{T} = -973.3 \,\text{cm/s}^{-3},$$

と，各直接測定の平均誤差を代入すると，次のようになる。

$$\sigma_{g_\mathrm{m}} = \sqrt{(9.743 \times 0.05)^2 + (9.889 \times 0.002)^2 + (973.3 \times 0.0004)^2} \fallingdotseq 0.624$$

$$\fallingdotseq 0.6 \,\text{cm/s}^2$$

したがって，求める重力加速度の測定値は次のように表せる。

$$g = 979.7 \pm 0.6 \,\text{cm/s}^2$$

★間接測定とは

測定に際して，ある物理量を直接に測定器械と比較して測る測定を直接測定という。これに対して，求める物理量と一定の関係にある他の量を測り，計算によってその量を得る測定を間接測定という。

★誤差の伝播とは

間接測定の最確値 Q_0 の平均誤差 σ_{Q_m} は第 I 部 式 (2-13) より，

$$\sigma_{Q_\mathrm{m}} = \left(\left(\frac{\partial F}{\partial X}\right)^2 \cdot \sigma_{X_\mathrm{m}}^2 + \right.$$
$$\left(\frac{\partial F}{\partial Y}\right)^2 \cdot \sigma_{Y_\mathrm{m}}^2 +$$
$$\left. \left(\frac{\partial F}{\partial Z}\right)^2 \cdot \sigma_{Z_\mathrm{m}}^2 + \cdots \right)^{1/2}$$

となる。第 I 部 式 (2-26) を誤差伝播 (でんぱ) の法則という。

—— 問　題 ——

(1) 長い糸（長さ L）の一端を固定し，他端におもり（質量 m の質点）を付け，鉛直面内でおもりに振幅の小さい振動をさせる装置を単振り子という。おもりは半径 L の円弧上を往復運動する。振り子が鉛直線から角 θ だけずれた状態において，円の接線方向の運動方程式を表せ。運動方程式を解いて，単振り子の振動数と周期を求めよ。

(2) 重力加速度を求める剛体振子としてケーターの振子がある。その原理を説明せよ。

—— まとめ ——

(1) 剛体振子の 1 つであるボルダの振子を用いて，重力加速度を求めた。

(2) 統計的に誤差の量が少なくなる周期量の測定法を学び，残差および誤差の概念を学んだ。

(3) ノギスを用いて，長さを測定する過程で，副尺の使用法ならびにその原理を学んだ。

—— 基礎知識 ——

- 単振動の微分方程式の一般解　振動数と周期

- 剛体振子の運動方程式

- 慣性モーメントの求め方

- 平行軸の定理

2. ヤング率

① 目　　的

ユーイング (Ewing) の装置を用い，金属棒のたわみを光てこの方法により測定し，ヤング率を求める。あわせて，最小二乗法の利用を学ぶ。

② 原　　理

2.1　ヤング率とは

固体に力を加えるとひずみ (歪み) が生じるが，その力が小さい範囲では力を取り除くと固体は元の形に戻る。このような性質を弾性という。弾性の範囲内で，力が小さい場合，ひずみと力が比例する。そのひずみと力の間の比例係数を**弾性定数**と呼ぶ。弾性定数には，ヤング率，剛性率，体積弾性率，ポアソン比および圧縮率がある。なお，固体のひずみがある限度 (弾性限度) を越えると，力を取り除いても固体は元の形に戻らなくなる。このような性質を**塑性**という。ヤング率はひずみと力が比例する範囲内における弾性定数の1つである。針金や棒を張力 T で Δl だけ引き伸ばすとき，この Δl は，T に比例する。いま，棒の長さを l，断面積を S とすると，単位面積に作用する力 (**応力**) F/S と単位長さ当りの伸び (**ひずみ**) $\dfrac{\Delta l}{l}$ は比例し，

$$\frac{F}{S} = E\frac{\Delta l}{l} \tag{2-1}$$

と表せる。この比例定数 E をヤング率という。

2.2　たわみによるヤング率の測定

式 (2-1) より明らかなようにヤング率を測定するには，試料を引っ張って，その微小な伸びを測ればよい。しかし，たわませることによっても，E を求めることができる。断面積が $a \times b$ である，一様な棒を図 2-1 のようにたわませると中央部で高さが h 下がる。この下がりの値 h を測定することによって，E を求めることができる。

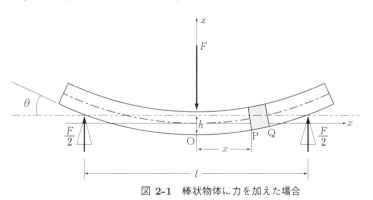

図 2-1 棒状物体に力を加えた場合

【学ぶこと】
(1) 弾性定数の1つであるヤング率を求める。
(2) 最小二乗法
(3) ノギスおよびマイクロメーターの使い方
(4) 微小変位の測定法 (光てこの方法)

★弾性定数
固体のかたさ，変形のしやすさを表現する物理量である。フックの法則 ($F = -kx$) のばね定数 k に関係しているが，固体のかたち，大きさに依存しない物質定数として定義 (ひずみ対応力の係数として定義) される。

★ひずみ
伸び率 (物体の長さに対する変形の割合)。式 (2-1) を参照せよ。

★応力
単位面積あたりに作用する力 (圧力と同次元)。

★剛性率
接線応力 f_{t} とせん断ひずみ γ の間にひずみが小さければ比例関係が成立する。つまり，

$$f_{\mathrm{t}} = G\gamma$$

と表すことができる。この比例定数 G を剛性率 (または，ずれ弾性率) といい，物質に固有な量である。f_{t} は上面の面積を S，加えた力を F とすると，

$$f_{\mathrm{t}} = \frac{F}{S}$$

である。

★体積弾性率，圧縮率
一様な力 F が面積 S に加わるときの圧力 p とする。その一様な圧力 (応力) を加えたために体積が ΔV 変化した時の応力とひずみの関係は，

$$p = -K \frac{\Delta V}{V}$$

となる。右辺の比例定数 K を**体積弾性率**，その逆数を**圧縮率**という。

★ポアソン比
一般に，ある方向に法線応力が働いてその方向に縮みが生ずると，それに垂直な方向で，伸びが生ずる。これら 2 つのひずみ $\Delta l/l$ と $\Delta a/a$ の比，

$$\sigma = -\frac{\Delta a/a}{\Delta l/l}$$

は，物質の種類によって決まる定数である。σ は**ポアソン比**と呼ばれ，0 と 0.5 の間の値をとる。金属やガラスでは，1/3 程度であるが，ゴムでは大きくほぼ上限値 0.5 に近くなっている。

図 2-1 に示されているように棒の上縁は縮み，下縁は伸びており，その中間に伸び縮みのない中立層ができている。図 2-2 に棒の任意の面 PQ (図 2-1 中，網掛け部) で切り取られた微小部分の断面を示す。この曲率半径を ρ とすると，PQ で切り取られた中立層の長さは $\rho d\theta$ である。また中立層から下方の位置にある pq 層の長さは，$(\rho + \xi)d\theta$ となる。pq 層は単位長さあたり

$$\frac{(\rho + \xi)\mathrm{d}\theta - \rho\mathrm{d}\theta}{\rho\mathrm{d}\theta} = \frac{\xi}{\rho} \tag{2-2}$$

だけ引きのばされている。このとき，棒の P における断面図を図 2-3 に示す。pq 層の断面積を $\mathrm{d}S$ とし，この層に加わる張力を $\mathrm{d}T$ とすれば，ヤング率の定義すなわち式 (2-1) から，

$$\frac{\mathrm{d}T}{\mathrm{d}S} = E\frac{\xi}{\rho} \tag{2-3}$$

となる。したがって，断面 P の全面に働く力 T および T の中立層に対する力のモーメント N は，

$$T = \int \frac{E\xi}{\rho}\mathrm{d}S = \frac{E}{\rho}\int_{-\frac{b}{2}}^{\frac{b}{2}} \xi a\mathrm{d}\xi = 0 \tag{2-4}$$

$$N = \int \xi\mathrm{d}T = \frac{E}{\rho}\int_{-\frac{b}{2}}^{\frac{b}{2}} \xi^2 a\mathrm{d}\xi = \frac{E}{\rho}\cdot\frac{ab^3}{12} \tag{2-5}$$

となる。

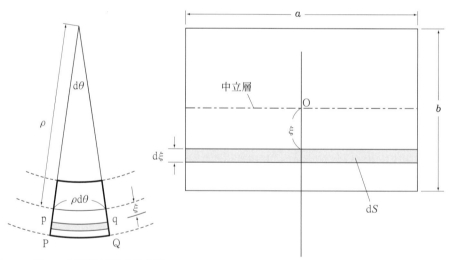

図 2-2　図 2-1 の網掛け部分の拡大図　　　　図 2-3　図 2-1 の棒の断面図

　いま，図 2-1 のように座標原点 O を棒の中心に，鉛直上方に z 軸，中心線方向に x 軸，両者に垂直に y 軸をとることとする。原点から断面 P の距離を x とするとき，P から右の部分のつり合いを考える。棒の重さは無視できるものとすると，この部分が平衡を保つためには，P 面での曲げの力のモーメントと右の支点が棒におよぼす力のモーメントとがつり合わなければならない。すなわち，

$$\frac{E}{\rho} \cdot \frac{ab^3}{12} = \left(\frac{l}{2} - x\right) \frac{F}{2} \qquad (2\text{-}6)$$

が成り立つ。そこで，中心線を表す曲線を $z = f(x)$ とすると，曲率半径 ρ は，微分幾何学の公式により，

$$\rho = \frac{\left\{1 + \left(\frac{\mathrm{d}z}{\mathrm{d}x}\right)^2\right\}^{\frac{3}{2}}}{\frac{\mathrm{d}^2 z}{\mathrm{d}x^2}} \qquad (2\text{-}7)$$

★微分幾何学の公式
$y = f(x)$ で表される曲線の曲率半径 ρ は

$$\rho = \frac{\left\{1 + \left(\frac{\mathrm{d}f(x)}{\mathrm{d}x}\right)^2\right\}^{\frac{3}{2}}}{\frac{\mathrm{d}^2 f(x)}{\mathrm{d}x^2}}$$

で表せる。

で与えられる。棒の曲がり $\mathrm{d}z/\mathrm{d}x$ が小さいので，分子を 1 と近似し，式 (2-7) を式 (2-6) に代入すると，

$$\frac{\mathrm{d}^2 z}{\mathrm{d}x^2} = \frac{6F}{Eab^3}\left(\frac{l}{2} - x\right) \qquad (2\text{-}8)$$

を得る。これを積分し，$x = 0$ で $\mathrm{d}z/\mathrm{d}x = 0$ の境界条件をいれることにより，

$$\frac{\mathrm{d}z}{\mathrm{d}x} = \frac{6F}{Eab^3}\left(\frac{lx}{2} - \frac{x^2}{2}\right) \qquad (2\text{-}9)$$

となる。さらに式 (2-9) を積分して，$x = 0$ で $z = 0$ の境界条件をいれることにより，

$$z = \frac{6F}{Eab^3}\left(\frac{l}{4} - \frac{x}{6}\right)x^2 \qquad (2\text{-}10)$$

となる。支点の変位 $z\left(x = \dfrac{l}{2}\right)$ は，図 2-1 の棒の中央の下り h に等しいので，

$$h = z\left(x = \frac{l}{2}\right) = \frac{Fl^3}{4Eab^3} \qquad (2\text{-}11)$$

と得られる。

2.3　光てこによる微小変位の測定

この実験では，棒の中央の下り h を測定する方法でヤング率 E を求める。h は微小な値なので，光てこを用いて測定する。光てことは鏡が角度 ϕ だけ回転すると，それによる反射光の方向は 2ϕ だけ変化し，鏡から距離 r だけ離れた点では，反射光線が $2r\phi$ だけ変化することを利用したもので，r を大きくすることによって ϕ の微小な値を測定することができる。次に具体的な測定の方法について簡単に述べる。

図 2-4 に光てこの原理図を示している。鏡 M が角度 ϕ 回転すると，反射光線の方向は 2ϕ 変わる。それを測定するには，スケール S を M に写し，その反射像を望遠鏡 T で見る。実際は，試料の変位による望遠鏡の十字線の交点の読み (スケール S 上での) の移動 Δy として，読み取ることができる。スケールと鏡の間の距離を r とすると，

$$\tan 2\phi = \frac{\Delta y}{r} \qquad (2\text{-}12)$$

の関係がある。ϕ が小さければ，

$$\tan\phi \fallingdotseq \sin\phi \fallingdotseq \frac{\Delta y}{2r} \tag{2-13}$$

となる。

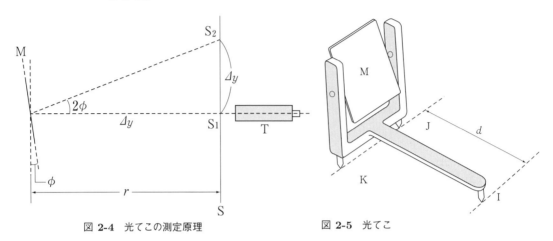

図 **2-4** 光てこの測定原理   図 **2-5** 光てこ

図 2-5 は，三脚 IJK に鏡 M を付けたもので，これを光てこという。JK を結んだ線上を軸として I が上下に動くと M は回転する。I から JK までの垂直距離を d とすると，

$$\frac{h}{d} = \sin\phi \tag{2-14}$$

となるので，式 (2-13), (2-14) より，

$$h = \frac{\Delta y \cdot d}{2r} \tag{2-15}$$

となる。この式から，小さい変位 h は ($2r/d$) 倍に拡大された変位 Δy を測定することによって求められる。

式 (2-11) の力 F をおもりの重力 mg によるとすると，式 (2-11) と式 (2-15) から h を消去すれば，

$$E = \frac{rl^3}{2ab^3d} \cdot \frac{mg}{\Delta y} \tag{2-16}$$

となる。

③   装置および器具

ユーイングの装置 (たわみ弾性率測定装置)，スケールつき望遠鏡，光てこ，巻尺，マイクロメーター，試料 (銅，真鍮)，おもり 6 個 (1 個 200 g)，スタンド，ノギス

④   方　　法
4.1   ユーイングの装置への試料設置

図 2-6 の水平な 2 つのナイフエッジ E，F に試料棒 A，補助棒 B を平行におき，A の中央にコの字形の先端ハンガー H を用い，おもり C を吊るす。

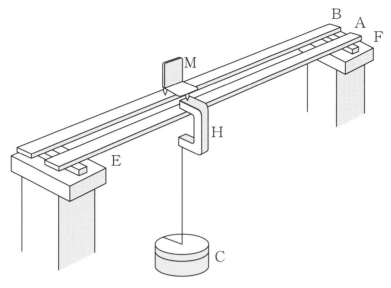

図 **2-6** ユーイングの装置

4.2 光てこの調整

(1) 光てこを A, B の両方にまたがせる (光てこの鏡面をできるだけ試料に対し垂直に立てる)。

(2) スケールつき望遠鏡 T はユーイングの装置から, 約 1.8〜2 m 程度離しておき, 望遠鏡が光てこ M と同じ高さになるようにする。

(3) 望遠鏡 T でスケール S の反対像が見えるようにする。(まず, スケールを電球で照らし望遠鏡の後方から肉眼で見て, 鏡 M にスケールの目盛が見えるように, M の角度を調整する。あるいはスケールつき望遠鏡を左右に少し動かす)。

(4) 接眼レンズをのぞいて鏡を視野内にとらえ, 十字線が明瞭に見えるようにする。(測定のときは, この十字線の中心 (交点) にあるスケールの目盛を読む)。

(5) 鏡にスケールが見えるようになれば, 次に望遠鏡を鏡に向けて望遠鏡でスケールの目盛が見えるように調整する。

4.3 Δy の測定

(1) 調整ができたら, 初めに補助おもりとして 1 個掛けておいてスケール上の原点 y_0 を定め, 次におもりを 1 個ずつ増加したときのスケールの読みをそれぞれ y_1, y_2, $\cdots$, y_5 とする。

(2) さらに, おもりを 1 個ずつ減少させるときの読みを y_5', y_4', $\cdots$, y_0' とする。ただし, y_5' は y_5 と同じである。

(3) 変位の読み y[mm] を縦軸に, おもりの質量 m[g] を横軸にプロットし, フックの法則 (直線) が成り立っていることを確かめる (図 2-7)。

<実験上の注意>

図 2-5 に示すように鏡がついている光てこは, 床に落とすと三脚が折れてしまうので, 注意深く取り扱うこと。

★光てこの調整方法のコツ
(1) 望遠鏡を外からミラーを向くように調整する。
(2) 望遠鏡を覗きミラーに焦点を合わせる。
(3) ミラーからの反射でスケールが見えるようにミラー角度を調整する。この場合, 焦点が結果的に鏡までの距離の 2 倍に合う。焦点を合わせるのに, スケールの近くに大きめの別の物体を置いて試みると容易かもしれない。

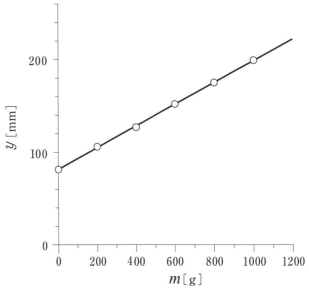

図 **2-7**　スケールの読み(y[mm]) 対おもりの質量(m[g]) の関係図

★ノギスの使い方は，p.37 を参照。

4.4　r の測定

光てこの鏡 M とスケール S との距離 r を，巻尺を用いて 5 回測定する。

4.5　d の測定

光てこの脚を静かに平らな紙の上に押さえてその跡をとり，前脚 I と後脚 J，K との垂直距離 d を，ノギスを用いて 5 回測定する。

4.6　l の測定

ナイフエッジ E，F 間の距離 l を，巻尺を用いて 5 回測定する。

★マイクロメーターは，1/100 mm まで，幅や厚さの測定が可能な精密測定機器であり，ネジ山のピッチの精密な動きによって精密測定しているので，強い力でスピンドルを締め上げるなどの行為は慎むこと。長さの測定を行う場合には常に 0 点の確認を行うこと。4.8 に示した詳細な使用法を使用前に必ず熟読し，内容を理解の上使用すること。

4.7　a, b の測定

試料棒 A の幅 a および厚さ b を，マイクロメーターを用いてそれぞれ違う箇所で 5 回測定する。

4.8　マイクロメーターの使い方

ネジは 1 回転するとネジ山が 1 個だけ進退するが，これを利用してノギス（キャリパー）よりもさらに精密な長さの測定ができるようにつくられたのがマイクロメーターである。マイクロメーターを使えば，ノギスでは測定できないような厚さが薄い物体の厚さや，細い針金の直径なども 1/100 mm の精度で精密に測定できる。

図 2-8 にマイクロメーターの構造を示す。U 字型のフレームの一端にアンビルが固定され，他端には可動なスピンドルが取り付けられている。スピン

ドルは，シンブルまたはラチェットを回転させたとき，その1回転に対してシンブル内のネジ山のピッチ (0.5 mm) だけ進退する。スリーブには 0.5 mm の目盛が刻んであり，シンブルには1周を50等分した円周目盛が刻んである。その最小目盛は 0.01 mm に相当するので，最小目盛の 1/10 まで目測すれば，1 μm までの測定が可能になる。マイクロメーターのスピンドルの可動範囲は普通 0～25 mm 余りである。被測定物はアンビル，スピンドル間にはさみ，そのときのスリーブ，シンブルの目盛を読んで長さを知ることができる。目盛の読み方の例を図 2-8(b)，(c) に示す。

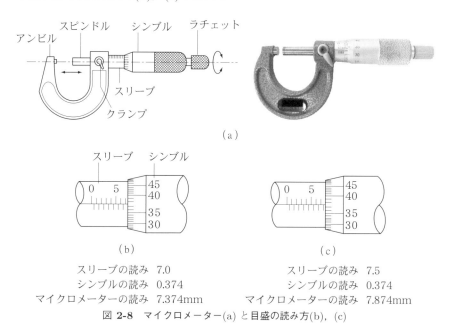

(a)

(b)　　　　　　　　　　　　　(c)

スリーブの読み　7.0　　　　　　　　スリーブの読み　7.5
シンブルの読み　0.374　　　　　　　シンブルの読み　0.374
マイクロメーターの読み　7.374mm　　マイクロメーターの読み　7.874mm

図 2-8　マイクロメーター(a) と目盛の読み方(b)，(c)

　マイクロメーターは測定精度の高い測定器なので，被測定物をしめつける力の大きさによって数 μm の違いがでてくる。被測定物をしめつける力の大きさを一定に保つために，被測定物をしめつけるときには必ずラチェットのみを回転させ，ラチェットが空回りするようになれば被測定物をしめつけることをやめ，そのときの目盛を読み取る (決してシンブルをもって被測定物をしめつけてはいけない)。ラチェットのみを用いてしめつけることにより，被測定物の損傷や，マイクロメーターのアンビルなどの変形が避けられる。

　なお，マイクロメーターの0点はずれていることが多いので，測定の前後で0点を確認して0点補正をしなければならない。

⑤　結果の整理

(1) Δy の測定例を表 2-1 に示す。$\Delta y = \beta m$ とすると，

$$y = y_0 + \Delta y = y_0 + \beta m \tag{2-17}$$

ただし，式 (2-16) より，

$$\beta = \frac{r l^3 g}{2ab^3 dE}$$

となるから，y[mm] 対 m[g] のグラフの傾き β からヤング率 E を求めることができる。ここでは，勾配 β の最確値は最小二乗法 (p.27 2.5.4 参照) を用いて求めることにし，表 2-2 のように整理する。

表 2-1　Δy の測定例

m_i [g]	増重のときの y_i [mm]		減重のときの y_i' [mm]		平均尺度の読み $\bar{y}_i$ [mm]	
0	y_0	81.5	y_0'	81.5	$\bar{y}_0$	81.5
200	y_1	108.5	y_1'	103.5	$\bar{y}_1$	106.0
400	y_2	126.5	y_2'	127.5	$\bar{y}_2$	127.0
600	y_3	152.5	y_3'	151.5	$\bar{y}_3$	152.0
800	y_4	175.0	y_4'	175.5	$\bar{y}_4$	175.3
1000	y_5	199.3	y_5'	199.3	$\bar{y}_5$	199.3

表 2-2　最小二乗法による計算例

i	m_i [g]	$\bar{y}_i$ [mm]	m_i^2 [g²]	$m_i\bar{y}_i$ [g mm]
1	0	81.5	0	0
2	200	106.0	40000	21200
3	400	127.0	160000	50800
4	600	152.0	360000	91200
5	800	175.3	640000	140240
6	1000	199.3	1000000	199300
$n=6$	$\Sigma m_i = 3000$	$\Sigma \bar{y}_i = 841.1$	$\Sigma m_i^2 = 2200000$	$\Sigma m_i\bar{y}_i = 502740$

$$y = y_0 + \beta m = 81.476 + 0.11741m$$

この結果より，$\beta = 0.1174$ m/kg となる。

(2) 4.4 〜 4.7 の各測定結果について，表 2-3，表 2-4 のように整理して，それぞれの平均値 $\bar{r}, \bar{d}, \bar{l}, \bar{a}, \bar{b}$ を求める。

表 2-3　r, d, l の測定例

回数	r [m]	d [m]	l [m]
1	2.0082	0.03495	0.4055
2	2.0079	0.03480	0.4012
3	2.0084	0.03500	0.4013
4	2.0083	0.03455	0.4007
5	2.0094	0.03495	0.4023
平均	$\bar{r} = 2.0084$	$\bar{d} = 0.03485$	$\bar{l} = 0.4022$

表 2-4　真鍮の横幅 a と厚さ b の測定例

回数	a [mm]	b [mm]
1	15.435	4.649
2	15.442	4.655
3	15.429	4.658
4	15.428	4.653
5	15.430	4.662
平均	$\bar{a} = 15.433$	$\bar{b} = 4.655$

(3) 以上の結果を基に，福岡の重力加速度を $g = 9.7963\cdots$ m/s² であるとして真鍮のヤング率 E を算出すると

$$
\begin{aligned}
E &= \frac{rl^3 g}{2ab^3 d} \cdot \frac{1}{\beta} \\
&= \frac{2.0084 \times (0.4022)^3 \times 9.7963}{2 \times 15.433 \times 10^{-3} \times (4.655 \times 10^{-3})^3 \times 0.03485} \cdot \frac{1}{0.1174} \\
&= 10.05 \times 10^{10}\,\mathrm{Pa}(= \mathrm{N/m^2})
\end{aligned}
$$

と求まる。

　銅についても同様に求める。参考資料 (p.132 表 2-5) からそれぞれのヤング率を調べ，測定結果と標準値の差を検討せよ。

問　題

(1)　長さ 1 m の銅に 1 方向の圧力 1 気圧を加えた。何 mm 縮むか求めよ。1 気圧は何 Pa(= N/m²) かをまず求めよ。

まとめ

(1)　ユーイング (Ewing) の装置を用い，**ヤング率**を測定した。

(2)　金属棒のたわみを**光てこ**の方法により測定した。

(3)　直線の式に，最小二乗法を適用し，具体的事例から最小二乗法の利用を学んだ。

(4)　マイクロメーターを使って，1/100 mm の精度の測定を行った。

基礎知識

- **弾性定数**

  物体に加えた力と変位の関係を物質定数として定義する。力としては単位面積あたりの力 (応力) とし，変位として全体に対する変位の割合 (ひずみ) として定義される。

- **最小二乗法**

  測定データにもっともフィットする理論式を決定する方法。仮定した理論式による値と測定データの間の差の 2 乗したものを，測定データすべてについて足しあわせて，それが最小になるように理論式を推定する。

3. 固体の比熱

【学ぶこと】
(1) 固体比熱の測定法
(2) 熱量・温度の測定技術
(3) 物質ごとの熱量の移動や温度変化の違いを理解する。

★温 度
物体の熱さ，冷たさの状態を表す物理量である。高温の物体から低温の物体にエネルギーが移動するとき，この移動するエネルギーを熱量と呼ぶ。

★熱容量
ある物質に対して熱の出入りがあったとき，物質の温度がどの程度変化するかを表す物理量である。物質に ΔQ だけの熱を加えたときに温度が ΔT だけ上がった場合，熱容量は $\Delta Q/\Delta T$ で定義される。

★比 熱
熱容量をその物質の質量で割ったものを比熱という。圧力一定の場合は定圧比熱，体積一定の場合には定積比熱と呼ばれる。

★熱の仕事当量 (1 cal = 4.184 J) より，

$$1\,\mathrm{cal\,K^{-1}\,g^{-1}}$$
$$= 4.184\,\mathrm{J\,K^{-1}\,g^{-1}}$$

と表すことができ，これは水の比熱に等しく，比熱の単位として [cal K^{-1} g^{-1}] を使えば水の比熱の数値が1となる。他の物質の比熱と水の比熱を比較するのに便利であるが，cal は歴史的に様々な定義がなされ，いくつかの値が併用されていることから，近年では栄養・代謝以外でこの単位を用いることは推奨されていない。

1 目　　的

比熱の測定法の1つである「水熱量計による比熱測定」を通して，固体比熱の測定法および熱量や温度の測定技術を習得するとともに比熱に関する一般的な知識を学ぶ。

2 原　　理
2.1 比　熱

少し熱するだけですぐ**温度**が上がる物質もあれば，熱してもなかなか温度が上がらない物質もある。このように，熱量を与えたときの温度上昇に関係する物質量として熱容量がある。また，物質に熱容量という物理量を考えることにより，物質間の熱量のやりとりについて熱量を保存されるもののように考えることができる。ある物質の温度を 1 K だけ上げるのに必要な熱量をその物質の**熱容量**といい，その単位は [J K^{-1}] である。

熱容量は物質の質量に比例する。物質の単位質量あたりの熱容量を特にその物質の**比熱**(比熱容量) という。いいかえると，ある物質の温度を 1 K 上昇させるのに必要な 1 g(または 1 kg あたりの) 熱量がその物質の比熱である。比熱の単位は，[J K^{-1} g^{-1}] または [J K^{-1} kg^{-1}] であり，かつては [cal K^{-1} g^{-1}] もよく使われた。単位質量あたりの熱容量 (=比熱) のかわりに 1 モルあたりの熱容量もよく使われ，これは**モル比熱**と呼ばれる。単位は [J K^{-1} mol^{-1}] である。

物質はその物質ごとに固有な比熱をもち，その物質の特性を表す重要な物理量の1つである。一般的には比熱は物質の温度により異なるが，通常の固体物質の比熱は室温域ではほとんど温度に依存しない。そこで以下の説明では，固体の比熱は温度に依存しないと仮定する。この仮定の基で，質量 m [g] の固体の温度を ΔT [K] 上昇させるのに必要な熱量 Q [J] は，比熱 C [J K^{-1} g^{-1}] として，

$$Q = Cm\Delta T \tag{3-1}$$

と表せる。同じ固体の温度を ΔT [K] 下降させるとき，固体が失う熱量 Q も式 (3-1) で与えられる。

一般に外部との間に熱量の出入りがないようにして，高温物体と低温物体とを熱接触させたり，または混合させたりするとき，

$$(\text{高温物体の失った熱量}) = (\text{低温物体の受け取った熱量}) \tag{3-2}$$

の関係が成り立つ。固体の比熱は，この関係を利用して測定することができる。

質量 m の試料を温度 T_1 に熱しておき，それを水温 T_0 の水熱量計 (図 3-2 参照) に投入したとき，水の温度が T_2 まで上昇して**熱平衡**に達したとする。

試料の比熱を C とすれば,このとき試料が放出した熱量は $Cm(T_1 - T_2)$ で与えられ,水熱量計が受け入れた熱量は $C_0(M+W)(T_2 - T_0)$ で与えられる。ここで,C_0 は水の比熱,M は水熱量計中の水の質量,W は水熱量計およびその付属物のうちの熱量の授受に関係したものの熱容量の和に相当する水の質量,すなわち水熱量計の**水当量**である。したがって,式 (3-2) より,

$$C = \frac{(M+W)(T_2 - T_0)}{m(T_1 - T_2)} C_0 \tag{3-3}$$

となる。

★**熱平衡**
接触している 2 つの物体の温度が同じになると熱の移動は止まる。これを熱平衡という。

★**水当量**
ある物体の熱容量と,同じ熱容量に相当する水の質量。

2.2 固体の比熱

固体では,与えた熱量が全て内部エネルギーの増加になると考えてよいので,その比熱 C は,固体の温度 T を ΔT だけ上昇させたときの内部エネルギー U の単位質量あたりの増加分を ΔU として次式 (3-4) で定義できる。

$$C = \frac{\Delta U}{\Delta T} \tag{3-4}$$

これは体積一定のときの比熱,すなわち定積比熱に相当する。

★比熱の単位には通常絶対温度 K を用いた組立単位を使用するが,この実験では温度差のみが問題となるので水温の測定は ℃ で読み取っても差し支えない。

簡単な結晶構造をもつ固体の比熱を考える。結晶中の各々の原子は平衡点のまわりで微小振動 (熱振動) をしている。この熱振動は金属結晶やイオン結晶では調和振動,すなわち変位に比例した復元力が働く振動である。調和振動子のエネルギーは,振動する粒子の運動エネルギー $p^2/2m$ と,ポテンシャルエネルギー $kx^2/2$ の和から成っている。ここで,m は原子の質量,p は運動量,k はばね定数,x は平衡点からの変位である。したがって,**エネルギーの等分配則**により,運動エネルギーとポテンシャルエネルギーの各々に $k_{\mathrm{B}}T/2$ ずつのエネルギーが平均として配分され,調和振動子 1 個の平均エネルギー $<E> = k_{\mathrm{B}}T$ となる。ここで,k_{B} は**ボルツマン定数**である。平衡点のまわりで微小振動している各原子の振動は,x, y, z の 3 方向の単振動とみなし回転の自由度を与えないでよいとすると,1 原子あたりの平均として $3k_{\mathrm{B}}T$ ずつのエネルギーが配分されることになる。1 モルの原子数を N_{A} とすれば,1 モルの原子がもつ内部エネルギー U は,

$$U = N_{\mathrm{A}} <E> = 3N_{\mathrm{A}}k_{\mathrm{B}}T = 3RT \tag{3-5}$$

となる。ここで N_{A} はアボガドロ定数,R は気体定数である。したがって,定積モル比熱 C_v は,

$$C_v = \left(\frac{\Delta U}{\Delta T}\right)_{\text{定積}} = 3R = 24.94\,\mathrm{J\,K^{-1}\,mol^{-1}} \tag{3-6}$$

と温度や原子・分子の種類によらず一定値になる。これを**デュロン・プティ (Dulong-Petit) 則**という。

図 3-1 に,3 種類の固体 (鉛 Pb,アルミニウム Al,炭素 C) のモル比熱の温度依存性を示す。

★**エネルギーの等分配則**
ボルツマン分布に基づく古典統計力学では,運動の自由度 1 つあたり $k_{\mathrm{B}}T/2$ のエネルギーが配分される。

★**ボルツマン定数** k_{B}
熱力学温度をエネルギーと関係付ける定数。一分子あたりの気体定数であり,アボガドロ定数を N_{A},気体定数を R とすると $k_{\mathrm{B}} = R/N_{\mathrm{A}}$ の関係があり,$k_{\mathrm{B}} = 1.380649 \times 10^{-23}\,\mathrm{J\,K^{-1}}$ の値をもつ定義値である。

★**デュロン・プティ則**
固体元素の定積モル比熱 C_v が常温付近ではどれもほとんど等しく,$C_v = 3R$ であるという法則。構成元素を 3 次元の調和振動子とみなし,エネルギー等分配則を適用することによって導かれる。

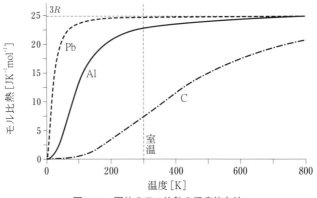

図 3-1　固体のモル比熱の温度依存性

　　実際の系では，このようにデュロン・プティ則は低温で成立せず，C_v は $3R$ の値より小さくなる。これは，**量子効果**(振動数 ω_0 で振動している系のエネルギーは連続的な値をとることができず，とびとびの値をとる) のためである。この量子効果を取り入れた最も簡単な理論がアインシュタイン (Einstein) の固体の比熱の理論 (1907 年) である。このアインシュタインの理論では，結晶内部の原子の振動は全て同一の振動数をもち，かつ互いに独立な調和振動子の集まりと考える。この理論によって，比熱が温度とともに 0 に近づくという実験結果が説明できた。ただ，詳細な比較をするとなお実測とのずれがあり，この理論は後にデバイ (Debye) により改善された (1912 年)。デバイの理論では，各原子の振動子は 3 次元的に隣接する振動子と弾性的な相互作用をもつものとして，結晶全体を連続弾性体と考えている。

　　以上の説明を要約すると以下のようになり，比熱の測定は物質の構成や状態を知る上で重要である。

(1)　固体の比熱は固体を構成している原子の振動を反映したものである。

(2)　比熱は 0 K においては 0 であるが，温度の上昇とともに増加して，一定値に漸近する。

(3)　鉛，アルミニウム等の比熱は，室温程度以上の温度領域でほぼ一定になり，デュロン・プティ則が成立する。

(4)　デュロン・プティ則が成立する温度域は，物質によって異なる。

★量子効果
原子や分子のような微視的なスケールの物理現象を扱う量子力学に特有の効果。

★通常の金属にとって室温は十分高温の極限であるということができる。言い換えれば図 3-1 に見られる炭素のような物質は室温では十分に高温とは呼べないことを意味している。

3　装置および器具

　　比熱測定装置 (図 3-2)，比熱測定用金属，比熱測定用黒鉛，電子天秤，ステンレス製ビーカー 1000 mL × 2，スライダック，ストップウォッチ

　　比熱測定装置は，水熱量計 1，2，鉄スタンド，水銀温度計 (温度計 1 (100 °C，0.2 度目盛)，温度計 2 (50 °C，0.1 度目盛))，スターラー，撹拌子で構成される。実験装置の配置は図 3-2 を参照のこと。

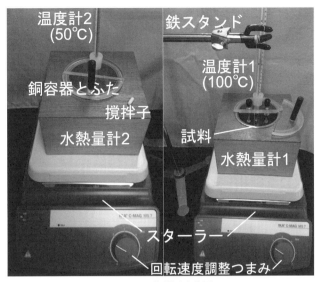

図 3-2 比熱測定装置

4 方 法

4.1 水熱量計の水当量

(1) 水熱量計2の内槽 (銅製の容器) を木箱からとりはずし, 撹拌子とともにその質量 μ [g] を電子天秤で測定する.

(2) 水熱量計2の水当量 W [g] を次の関係を用いて算出する.

$$W = \frac{C_{\mathrm{Cu}}\mu + 1.88v}{C_0} \tag{3-7}$$

ここで C_{Cu} は水熱量計内槽の比熱で, 本装置は銅製であるから 0.386 J K^{-1} g^{-1} とし, C_0 は水の比熱で 4.18 J K^{-1} g^{-1} とする. また第2項目は温度計に関係する量で, 1.88 J K^{-1} mL^{-1} は水銀の密度 (13.5 g/cm³) とその比熱 (0.14 J K^{-1} g^{-1}) およびガラスの密度 (2.6 g/cm³) とその比熱 (0.84 J K^{-1} g^{-1}) を考えて決めた量である. また, v[mL] は温度計が水中にある部分の体積で, この実験では温度計2を印まで水に挿入すれば $v = 0.60$ mL となるように調整してある.

(3) ここで求めた水当量は以下の比熱を求める実験全般について使用する.

4.2 金属の比熱を求める実験

(1) ステンレス製ビーカーに約1Lの水道水を汲み置きする.

(2) もう1つのステンレス製ビーカーには氷と水を入れ, 約1Lの氷水を作っておく.

(3) 水熱量計2の内槽を木箱から取り出して天秤にのせた後, 汲み置きした水を約 200 mL 入れ, 内槽の外側に付いている水滴は良く拭い取り全体の質量を測る. 水の質量 M は内槽に水を入れたもの全体の質量から内槽と撹拌子の質量 μ を減じて求める.

(4) 内槽の水をこぼさないように, 内槽を木箱にセットする.

(5) 温度計2に付けた印まで水が浸るよう, 温度計の高さを微調整する.

< 実験上の注意 >

(1) 天秤は後部にある水平器の円の中に気泡が入るように設置する. ずれている場合は足コマを回して調整する.

(2) 天秤の表示を 0 にするには O/T (RE−ZERO) キーを押す.

(3) 温度計本体には直接手を触れないこと. 特にゴム栓の位置は絶対に動かさないようにする. 温度計が破損し怪我をする危険があるばかりか, 内部の水銀が漏洩すれば重大な事故につながる恐れがある.

★厳密には水の比熱は温度によって異なるが, この実験の温度域ではその差が1%未満であるため 20 °C の値で代表させて用いることとする.

< 実験方法の要約 >

(1) 金属試料を 70 °C まで加熱する.

(2) 試料を室温付近の水へ入れ, 水温の時間変化を測定する.

(3) 上記の実験を氷水の場合でも同様に行う.

(4) 試料を黒鉛に変えて, 室温付近の水を使った同様の実験を実施する.

(6) 水熱量計1の内槽へ撹拌子とともに汲み置きした水を入れ，温度計1に付けてある印が浸るように温度計の高さを調整する。

(7) 周囲の気温が水熱量計2内の水温と差があるので，スターラーの回転速度調整つまみを 1.5～2 程度にセットし，水温の変化を 30 s ごとに数分間読み取って水熱量計内の水温が一定になることを確かめる。

(8) 測定しようとする金属試料の質量 m を天秤で測定する。

(9) スライダックの入力端子はまだ電源コンセントに接続せず，スライダックの出力端子と水熱量計1の電源入力端子をつないだ後，図 3-2 のように試料が吊り下げられるよう鉄スタンドを配置する。その際，試料を持ち上げて鉄スタンドの腕を回転させれば水熱量計2に試料がすみやかに移せるよう，水熱量計同士の相対位置も調整する。

(10) 図 3-3 のように，水熱量計1の水中に試料が温度計1の感温部と同じ高さになるように吊り下げ，ふたをする。スライダックの出力を 15 V 付近まで上げて水の加熱を開始する。温度の上がる様子を見ながら，最大 30 V までの範囲内で印加電圧を変え，昇温速度を調整する。

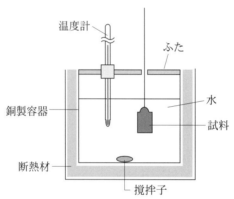

図 3-3　水熱量計中の試料と温度計の配置

(11) この間，水熱量計1，2ともにスターラーの回転速度調整つまみを 1.5～2 程度にして撹拌子を回転させておく。

(12) 温度計1の読みが 70°C を少し超えたらスライダックの出力を 0 V にして加熱を止め，水温が 70°C になるまで冷やす。ここで，水熱量計2の水温も測定しはじめ，10 s ごとに記録しておく。

(13) 温度計1の読みが 70.0°C となったときに水熱量計1から試料を取り出し，試料を水熱量計2の水の中に素早く入れてふたをする。試料を入れた瞬間から，10 s ごとに水熱量計2の水温を読み取り，記録する。温度の変化がほぼなくなるまで測定し，測定結果は表 3-1 のような表にまとめる。この表では試料を水熱量計2へ移した瞬間を 0 s としている。

(14) ここで記録した水温と時間の関係をグラフにする。

(15) 金属試料を水熱量計1へ戻し，水熱量計2の内槽を取り外して中の水を捨てた後，撹拌子と内槽を天秤にのせ，0°C 付近の氷水を約 200 mL

入れてその正確な質量を測定する。ただし，このとき氷は内槽へ移さ
ないように注意し，内槽の外側に付いている水滴は良く拭い取る。氷
水の質量 M は内槽に水を入れたもの全体の質量から内槽と撹拌子の
質量 μ を減じて求める。

(16) 内槽の水をこぼさないように，内槽を木箱にセットし，温度計2に付
けた印まで水が浸るよう，温度計の高さを微調整する。

(17) (10)～(13) の手順と同様にして氷水へ金属試料を入れた場合の水温と
時間の関係をグラフにする。

(18) 試料を鉄スタンドから取り外し，水熱量計2に入った水も捨てる。

表 3-1 70 °C の金属塊を入れたときの水温の時間変化

時間 [s]	水温 [°C]	
	水道水へ	氷水へ
−30	16.40	1.30
−20	16.40	1.30
−10	16.40	1.30
0	16.40	1.30
10	⋮	⋮
20		
30		
40		
50		
60		
70		
80		
90		
100		
110		
120		

4.3 黒鉛の比熱を求める実験

次に，試料として黒鉛を用い室温付近の比熱を測定する。

(1) 水熱量計2の内槽を天秤に乗せた後，汲み置きした水を約 200 mL 入
れ，内槽の外側に付いている水滴は良く拭い取り，全体の質量を測る。
水の質量 M は内槽に水を入れたもの全体の質量から内槽と撹拌子の
質量 μ を減じて求める。

(2) 内槽の水をこぼさないように，内槽を木箱にセットする。

(3) 温度計2に付けた印まで水が浸るよう，温度計の高さを微調整する。

＜ 実験上の注意 ＞
4.2 で氷水を使ったため内槽
が冷えている可能性がある
ので水道水を 2～3 回入れて
は捨てる作業をするとよい。

(4) スターラーの回転速度調整つまみを 1.5〜2 程度にセットし，水熱量計 2 内の水温の変化を 30 s ごとに数分間読み取って水温が一定になることを確かめる。

(5) 黒鉛試料の質量 m を天秤で測定する。

(6) 4.2 の実験と同様に，水熱量計 1 の水中に黒鉛試料が温度計 1 の感温部と同じ高さになるように吊り下げ，スライダックの出力を 15 V 付近まで上げて水の加熱を開始する。ここでも，温度の上がる様子を見ながら最大 30 V までの範囲内で印加電圧を変え，昇温速度を調整する。

(7) この間，水熱量計 1, 2 ともにスターラーの回転速度調整つまみを 1.5〜2 程度にして撹拌子を回転させておく。

(8) 温度計 1 の読みが 70°C を少し超えたらスライダックの出力を 0 V にして，水温が 70°C になるまで冷やす。ここで，水熱量計 2 の水温も測定しはじめ，10 s ごとに記録しておく。

(9) 水温が 70.0°C となったときに水熱量計 1 から試料を取り出し，試料を水熱量計 2 の水の中に素早く入れてふたをする。試料を入れた瞬間から，10 s ごとに水熱量計 2 の水温を読み取り記録する。温度の変化がほぼなくなるまで測定し，測定結果は表 3-1 のような表にまとめる。

(10) ここで記録した水温と時間の関係をグラフにする。

⑤　結果の整理

以下に各実験の測定例を示す。これらの例を参考にして，

(1) 測定によって求めた金属の比熱を参考資料 (p.133 表 2-6) と比較し，金属の種類を推定せよ。また，モル比熱に換算して $3R$ の値と比較せよ。さらに黒鉛の場合はどうであるか。

(2) モル比熱が $3R$ からずれる実験的な要因は何か考察せよ。例えば試料を水熱量計 2 へ移す際に，水熱量計 1 の水が持ち込まれたり，あるいは試料の温度が 70.0°C より低かったりすると比熱の値はどうなるだろうか。

★参考資料 (p.133 表 2-6) のデータは定圧比熱であるが，固体の熱膨張は気体と比べて格段に小さいため定圧比熱と定積比熱の違いは室温で数%程度である。それゆえ $C_p \simeq C_v$ と考えて差し支えない。

5.1　水熱量計の水当量

銅容器 V の質量	127.80 g
撹拌子 S の質量	0.75 g
銅容器 V と撹拌子 S の合計質量	$\mu = 128.55$ g
温度計水中部の体積	$v = 0.60$ mL

式 (3-7) より水熱量計の水当量 W は

$$W = \frac{C_{\mathrm{Cu}}\mu + 1.88\,v}{C_0}$$
$$= \frac{0.386 \times 128.55 + 1.88 \times 0.60}{4.18} = \frac{49.62 + 1.13}{4.18} = 12.14\,\mathrm{g}$$

5.2 金属の比熱

5.2.1 金属塊を室温の水へ入れた場合

試料の質量 m_1	$m_1 = 50.12$ g
水だけの質量 M_1	$M_1 = 200.03$ g

このとき，水の温度変化は表 3-2 のようになった。

表 3-2 70°C の金属塊を室温の水へ入れたときの水温の時間変化

時間 [s]	水温 [°C]
-30	16.40
-20	16.40
-10	16.40
0	16.40
10	18.00
20	18.30
30	18.70
40	18.95
50	19.05
60	19.05
70	19.05
80	19.05
90	19.05
100	19.05
110	19.05
120	19.05

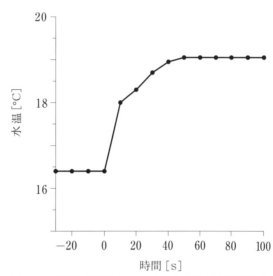

図 3-4 金属塊を室温の水へ入れたときの水温の時間変化

この結果より，金属塊を室温の水へ入れたときの比熱は，

試料の温度 T_1	$T_1 = 70.0$ °C
水のはじめの温度 T_0	$T_0 = 16.40$ °C
混合後の温度 T_2	$T_2 = 19.05$ °C

とすれば式 (3-3) より

$$
\begin{aligned}
C_1 &= \frac{(200.03 + 12.14) \times (19.05 - 16.40)}{50.12 \times (70.0 - 19.05)} \times 4.18 \\
&= \frac{212.17 \times 2.65}{50.12 \times 50.95} \times 4.18 \\
&= 0.9203 \\
&\approx 0.920 \, \mathrm{J\,K^{-1}\,g^{-1}}
\end{aligned}
$$

と求められる。これは試料投入前後の平均水温 (19.05 + 16.40) / 2 = 17.73 °C のときの試料の比熱と考えられる。

5.2.2 金属塊を氷水へ入れた場合

試料の質量 m_2	$m_2 = 50.12$ g
氷水だけの質量 M_2	$M_2 = 200.47$ g

このとき，氷水の温度変化は表 3-3 のようになった。

表 3-3 70 °C の金属塊を氷水へ入れたときの水温の時間変化

時間 [s]	水温 [°C]
-30	1.30
-20	1.30
-10	1.30
0	1.30
10	2.40
20	2.95
30	4.00
40	4.40
50	4.60
60	4.60
70	4.60
80	4.60
90	4.60
100	4.60
110	4.60
120	4.60

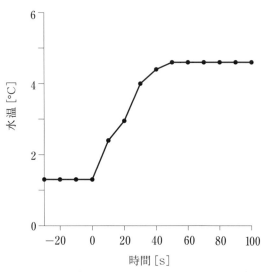

図 3-5 金属塊を氷水へ入れたときの水温の時間変化

この結果より，金属塊を氷水へ入れたときの比熱は，

試料の温度 T_1	$T_1 = 70.0$ °C
水のはじめの温度 T_0	$T_0 = 1.30$ °C
混合後の温度 T_2	$T_2 = 4.60$ °C

とすれば式 (3-3) より

$$
\begin{aligned}
C_2 &= \frac{(200.47 + 12.14) \times (4.60 - 1.30)}{50.12 \times (70.0 - 4.60)} \times 4.18 \\
&= \frac{212.61 \times 3.30}{50.12 \times 65.4} \times 4.18 \\
&= 0.8947 \\
&\approx 0.895\,\mathrm{J\,K^{-1}\,g^{-1}}
\end{aligned}
$$

と求められる。これは試料投入前後の平均水温 (4.60 + 1.30) / 2 = 2.95 °C のときの試料の比熱と考えることができる。

これらの値を参考資料 (p.133 表 2-6) と比較すると，アルミニウムにもっとも近い。よってこの金属はアルミニウムと推定される。アルミニウムのモル質量を $M(\mathrm{Al}) = 26.98\,\mathrm{g\,mol^{-1}}$ とすると，ここで求めた比熱はそれぞれ

$C_1 = 24.8\,\mathrm{J\,K^{-1}\,mol^{-1}}$, $C_2 = 24.1\,\mathrm{J\,K^{-1}\,mol^{-1}}$ となり，アルミニウムのモル比熱は室温付近ではほとんど温度変化せず，およそ $3R$ であることが分かる。

5.3 黒鉛の比熱

試料の質量 m_3	$m_3 = 41.31\,\mathrm{g}$
水だけの質量 M_3	$M_3 = 200.52\,\mathrm{g}$

このとき，水の温度変化は表 3-4 のようになった。

表 3-4　70 °C の黒鉛を室温の水へ入れたときの水温の時間変化

時間 [s]	水温 [°C]
−30	17.55
−20	17.55
−10	17.55
0	17.55
10	19.25
20	19.20
30	19.30
40	19.30
50	19.35
60	19.35
70	19.35
80	19.35
90	19.35
100	19.35
110	19.35
120	19.35

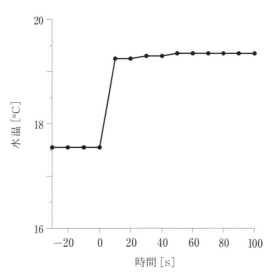

図 3-6　黒鉛を室温の水へ入れたときの水温の時間変化

この結果より，黒鉛を室温の水へ入れたときの比熱は，

試料の温度 T_1	$T_1 = 70.0\ \mathrm{°C}$
水のはじめの温度 T_0	$T_0 = 17.55\ \mathrm{°C}$
混合後の温度 T_2	$T_2 = 19.35\ \mathrm{°C}$

とすれば式 (3-3) より，

$$
\begin{aligned}
C_3 &= \frac{(200.52 + 12.14) \times (19.35 - 17.55)}{41.31 \times (70.0 - 19.35)} \times 4.18 \\
&= \frac{212.66 \times 1.80}{41.31 \times 50.65} \times 4.18 \\
&= 0.7647 \\
&\approx 0.765\,\mathrm{J\,K^{-1}\,g^{-1}} \\
&= 9.18\,\mathrm{J\,K^{-1}\,mol^{-1}}
\end{aligned}
$$

★炭素のモル質量
$M(\mathrm{C}) = 12.01\,\mathrm{g\,mol^{-1}}$

と求められる。

　これは試料投入前後の平均水温（ 19.35 ＋ 17.55 ）／ 2 ＝ 18.45 ℃のときの黒鉛の比熱と考えられる。モル比熱で比較すると，室温付近の黒鉛の比熱は金属と比べてかなり小さいことが分かる。

―――――――――――――― 問　題 ――――――――――――――

(1)　室温での黒鉛の比熱が通常の金属と比べてかなり小さい理由を考察し，議論せよ。

(2)　固体比熱の測定法にはほかにどのようなものがあるか調べよ。

―――――――――――――― まとめ ――――――――――――――

(1)　水熱量計による比熱測定法を学び，金属と黒鉛の比熱を求めた。

(2)　室温付近での金属の比熱にはデュロン・プティ則が成り立ち，ほぼ $3R$ で一定の値となることを学んだ。

(3)　室温付近での黒鉛の比熱にはデュロン・プティ則が成り立たず，金属と比べかなり小さい値をとることを学んだ。

―――――――――――――― 基礎知識 ――――――――――――――

● 熱　量

温度の高い系から低い系に移動するエネルギーの一形態。

● 内部エネルギー

物質内の原子や分子の熱運動による運動エネルギーとポテンシャルエネルギーの総和。

● 熱容量

ある物質の温度を 1K だけ上げるのに必要な熱量。

● 比　熱

ある物質の単位質量あたりの熱容量。

● エネルギー等分配則

1自由度あたりの内部エネルギーには，$\frac{1}{2}k_\mathrm{B}T$ だけのエネルギーが分配される。これは，古典力学の範囲で成立する。

4. 光のスペクトル

1 目 的

水銀 (Hg) とカドミウム (Cd) のスペクトルの波長を既知として，**分光器の**目盛りと波長の関係を調べ (これを波長較正という)，この結果を使って白熱電球の連続スペクトルの色範囲を波長で定める。また水素 (H) スペクトルの**バルマー系列**を観測し，**リュードベリ(Rydberg) 定数**を求める。

2 原 理

2.1 分光器

分光器は多くの波長の光が混合している光を単波長の光に分けてスペクトルを研究する装置である。図 4-1 は分光器の模式図で，コリメーター C，プリズム P，望遠鏡 T および尺度板 B からなっている。スリット S は凸レンズ L_1 の焦点においてあるので S から広がった光はレンズから L_1 を通った後，光は平行光線になりプリズム P を通過する。プリズムを通過した光は屈折して拡がり，望遠鏡 T の対物レンズ L_2 を通った光は波長の順番にレンズ L_2 の焦点に集まる。それを接眼レンズ L_3 で見ると波長の順にならんだスリットの像が見える。尺度板 B を裏から照らすとプリズムの一面で反射してスペクトルと同じ視野に尺度が見える。この尺度と既知の波長と対応させることにより，分光器の尺度と波長の関係が決まる (これを分光器の波長較正という)。

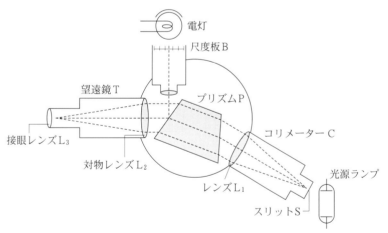

図 4-1 分光器の構造

太陽光や白熱電灯の光のスペクトルは，可視部において赤から紫までの色が連続している。このようなスペクトルを**連続スペクトル**という。一方，水銀灯やカドミウムランプから出る光のスペクトルは，特定の波長のところだけが細い線になって現れる。このようなスペクトルを**線スペクトル**といい，光を発する原子の種類に特有なものである。水素原子以外の一般の元素の発する線スペクトルは，輝線の本数も多く，その並び方も複雑である。

★光の分散

いろいろな波長の光が混合している光をプリズムに当て屈折させるといろいろな色の光に分かれる。これは屈折率が光の色 (波長) により異なるために起こる。これを光の分散という。光の色の違いは波長 (振動数) の違いであり，波長の短い (振動数の大きい) 光ほど屈折率が大きい。

★光の波長と振動数の関係

真空中の光速を c [m/s]，振動数を ν [Hz]，波長を λ [m] とすると，

$$c = \nu\lambda$$

の関係が成り立つ。屈折率 n の物質中での光速 v は $v = c/n$ となる。真空中の光速は参考資料 (p.131 表 2-1) を見よ。

【学ぶこと】
(1) 可視光線の色の範囲を観測し，波長および振動数でその範囲を確認する。
(2) 水素原子のスペクトルのバルマー系列を観測し，ボーアの水素原子模型との関係を理解する。
(3) 線スペクトル (原子からの光) と連続スペクトル (白熱電球) の違いを確認する。

★太陽光や白熱電灯

これらの連続スペクトルの形は主に，光源の温度によって決まる。熱輻射の 1 つである。

光は原子内の電子がもつ2つの状態の間の状態変化 (エネルギー差：光学遷移) として理解される (量子論)。電子の状態はとびとびのエネルギーをもち, そのエネルギー差もとびとびの値となる。したがってエネルギー差に対応する光の振動数および波長もとびとびの値をもつ。

2.2 水素スペクトル

水素原子の放射する輝線群の波長 λ の間には次のような簡単な関係式が成り立つ。この式は次節で説明される。

$$\frac{1}{\lambda} = R_\infty \left(\frac{1}{m^2} - \frac{1}{n^2} \right) \tag{4-1}$$

上式の m, n は正の整数 ($n > m$) で R_∞ はリュードベリ定数と呼ばれ,

$$R_\infty = \frac{m_e e^4}{8\varepsilon_0^2 c h^3} \tag{4-2}$$

と表せる。ここで m_e は電子の質量, e は電子の電荷, ε_0 は真空の誘電率, c は真空中の光の速さ, h はプランク定数である。式 (4-1) で $m = 2$ に相当する輝線群が可視部の領域にあり, バルマー(Balmer) によって 1885 年に発見されバルマー系列と呼ばれている。なお $m = 1$ に相当するライマン系列(紫外部) は 1906 年ライマン(Lyman) によって, また $m = 3$ に相当するパッシェン系列(赤外部) は同じ年パッシェン(Paschen) によって発見された。

2.3 ボーアの水素原子模型

ボーア(Bohr) は, 原子の中の電子の状態について, 次のような量子条件および振動数条件を仮定した。つまり原子核を中心として, 速さ v の電子が半径 r の円軌道を描くとき, 次の条件 (量子条件) を満足する場合だけ定常状態をとる。

$$m_e v r = \frac{nh}{2\pi} \ (n = 1, 2, 3, \cdots) \tag{4-3}$$

ミクロの世界では, エネルギーなどは連続ではなくとびとびの値をもつ。したがって, とびとびの値 (整数) を含む式で表せる。これらを量子数という。

ここで整数 n は量子数と呼ばれる。また電子が高いエネルギー準位 E_n の定常状態から低いエネルギー準位 E_m の定常状態にとび移るとき, $E_n - E_m$ に相当するエネルギーをもった振動数 ν の光子が 1 個放出される (振動数条件)。

$$h\nu = E_n - E_m \tag{4-4}$$

このような仮定によりボーアは水素原子の定常状態のエネルギー準位を求め, 式 (4-1) のような水素原子のスペクトルの規則性を見事に説明した (1913 年)。このボーアの理論は量子力学の誕生の契機となり, プランクの量子仮説などとあわせて前期量子論と呼ばれている。

プランクは, 熱放射を光のエネルギーは連続ではなくとびとびの値をもつとして説明した。これが, ミクロ物質を記述する現代物理学の端緒となった。

2.4 熱放射

太陽光や白熱電灯のように高温の物体の表面から光 (電磁波) が放出される現象を熱放射(熱輻射) という。熱せられた物体から出る光は温度が低いときは赤い色をしているが, 温度が高くなるにつれて白色になっていく。これは, 物体の温度 T によって放出される光のスペクトル強度分布 (エネルギー分布) が変化するためである。1900 年にプランクは,「物体が振動数 ν の光を吸収

したり放出するとき，やりとりされるエネルギーは，常に $h\nu$ の整数倍である」という仮説 (**プランクの量子仮説**) を提唱した。これにより温度 T で熱平衡にある体積 V の空洞中の振動数が ν から $\nu+\mathrm{d}\nu$ の間にある電磁波のエネルギー $E(\nu)\mathrm{d}\nu$ は次式で表せることを示した。

$$E\left(\nu\right)\mathrm{d}\nu = \frac{h\nu^3}{e^{\frac{h\nu^3}{k_\mathrm{B}T}} - 1}\frac{8\pi V}{c^3}\mathrm{d}\nu \tag{4-5}$$

ここで k_B はボルツマン定数である。これを**プランクの放射法則**といい，実験結果を完全に再現している。

3　装置および器具

分光器，水銀ランプ (Hg ランプ)，カドミウムランプ (Cd ランプ)，水素ランプ，起動装置，放電管用高圧変圧器，電球，電気スタンドなど

4　方　　法

4.1　水銀 (Hg) とカドミウム (Cd) のスペクトルによる分光器の尺度の較正

Hg と Cd の既知波長のスペクトルを用いて，分光器の目盛の読みと正しい波長との関係を示す較正曲線 (実際には直線) をつくる。

(1)　Hg ランプをセットする。

(2)　起動装置のスターターの電源を入れ，起動用ボタンを約 10 s 間押して Hg ランプを点灯させる。

(3)　Hg ランプをコリメーター C のスリット S の前におく。

(4)　スペクトルが明瞭に見えるように望遠鏡 T を調整する。

(5)　尺度板 B を 10/20 W の電灯 (2 つの電灯のうち暗い方) で照らし，その像とスペクトルが視差なしに見えるようにする。

(6)　スリット S の幅と長さは調整済みである。Hg の黄色のスペクトル線が 2 本に分離して見えるのを確認する。分離していない場合は，スリットの幅を閉め過ぎて壊すことのないように注意して調整する。調整後は実験が終了するまでスリットを動かしてはいけない。

(7)　Hg スペクトルの各線の目盛を読み取る。結果を表 4-1 のようにまとめる。表中の波長の単位は nm を用いている。($1\,\mathrm{nm} = 10^{-9}\,\mathrm{m}$)

(8)　起動装置の電源を切り，Hg ランプと Cd ランプを取りかえる。

(9)　起動装置のスターターの電源を入れ，起動用ボタンを約 10 秒間押して Cd ランプを点灯させる。

(10)　Hg の場合と同様に Cd のスペクトルの各線の目盛を読み取る。結果を表 4-2 のようにまとめる。測定しながら，表と次に述べるグラフをつくる。

(11)　Hg と Cd のスペクトルの結果により，図 4-2 のような波長—目盛曲線 (**較正曲線**) を測定と並行してつくる。

★尺度の較正
物理量の値があらかじめ分かっている試料を測定することにより，測定装置の尺度 (目盛) と物理量の関係を求めることを較正という。尺度と物理量の関係をグラフで示し，データを滑らかな曲線で結んだものを較正曲線という。

★コリメーター
プリズムに光を並行に入射するために用いる。

< 実験方法の要約 >
4.1 分光器の尺度の較正
Hg と Cd の線スペクトルを分光器で観測する。スペクトルの各線の目盛を読み取り，表 4-1, 4-2 の各スペクトルの波長との関係を図 4-2 のようにグラフにして較正曲線を得る。

　各スペクトル線の波長は表 4-1，4-2 のものを用いよ。図 4-2 のように Hg
と Cd のデータ点を区別してグラフ上に表すこと。また較正曲線は各データ
を結んだ滑らかな 1 つの曲線 (直線) で表せ。

表 4-1　Hg スペクトル

色	波長 [nm]	目盛
黄	579.1	5.70
黄	577.0	5.69
緑 強	546.1	5.39
青 弱	491.6	4.88
青	435.8	4.33
紫	407.8	4.07
紫	404.7	4.04

表 4-2　Cd スペクトル

色	波長 [nm]	目盛
赤 強	643.8	6.30
緑 強	508.6	5.01
青 強	480.0	4.75
青 強	467.8	4.64

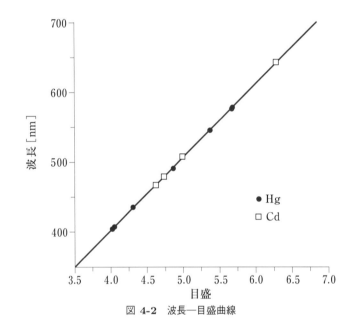

図 4-2　波長—目盛曲線

<＜実験方法の要約＞
★ 4.2 白熱電灯のスペクトルの色範囲
白熱電灯の光 (白色光) を分散させると赤から紫までの虹色の連続スペクトルに分光できる。光 (可視光) の色範囲を波長と振動数，エネルギーで確認する。

★光のエネルギー
振動数 ν [Hz] の光のエネルギー (光子 1 つのエネルギー) E [J] はプランク定数 h を用いて

$$E = h\nu$$

と表せる。

★ eV (エレクトロンボルト)
電子が電位差 1 V で加速されるときに得るエネルギーを 1 eV と定義する。

$$1\,\mathrm{eV} \fallingdotseq 1.602 \times 10^{-19}\,\mathrm{J}$$

である。>

4.2　白熱電灯のスペクトルの色範囲の測定

4.1 で求めた較正曲線を用いて白熱電灯のスペクトルの色範囲を測定する。

(1)　Hg ランプを取り除いて 60 W の白熱電灯をスリット S の前におき，点灯する。

(2)　連続スペクトルと尺度が視差なしで見えるのを確認する。

(3)　連続スペクトルの色の境の目盛を読む。連続スペクトルであるからその境ははっきりしない。また個人差があるので各人が別々に実験して比較せよ。

(4)　4.1 の較正曲線を用いて (3) で得た目盛を波長に換算し，表 4-3 のようにまとめよ。波長に対する光の振動数 [Hz]，エネルギー [eV] も求めよ。

表 4-3 白熱灯の色範囲例

色	赤	橙	黄	緑	青	紫
目 盛		6.19	5.79	5.70	5.11	4.60
波 長 [nm]		631	589	579	517	464
振動数 [$\times 10^{14}$Hz]		4.75	5.09	5.18	5.80	6.47
エネルギー [eV]		1.96	2.11	2.14	2.40	2.68

4.3 水素スペクトルの観測

4.1 で求めた較正曲線を用いて水素ランプのスペクトルの波長を測定する。水素ランプは高電圧で使用するため，トランスとともに木箱の中に入れてある。

(1) 60 W 白熱電灯のスイッチを切り，スリットの前から取り除く。

(2) 出力調整のダイヤルを最小にする。極性切替スイッチをマイナス (−) にする。電源 OFF を確認してから，コンセントに電源プラグを差し込む。

(3) 電源を ON にして，窓部分から水素ランプが点灯しているのを確認する。

(4) 分光器のスリットの直前に水素ランプの木箱の窓部分が来るように配置して，水素ランプのグロー発光部をスリットの前におく。

(5) 線スペクトルと尺度が視差なしで見えるのを確認する。

(6) 観察される赤，青および紫の線スペクトルの目盛を読み取る。

(7) 4.1 の較正曲線を用いて線スペクトルの目盛を波長に換算する。

< 注意 >

水素ランプは高電圧で使用するので，木箱の内部には絶対手を触れないこと。また水素ランプは消耗が早いので，測定時以外は消灯すること。

< 実験方法の要約 >

★ 4.3 水素スペクトルの観測

水素スペクトルのバルマー系列の赤，青，紫の線スペクトルを観測する。線スペクトルの波長が式 (4-1) の関係で表せることを確認し，リュードベリ定数 R_∞ を求める。ボーアの水素原子模型の理論と実験結果の関係を理解する。

5　結果の整理

(1) Hg と Cd のスペクトルの結果より，図 4-2 のような波長—目盛曲線 (較正曲線) を作成する。レポート作成時には，傾きと y 切片を最小二乗法を用いて計算すること。その解析結果を用いて (2)，(3) の解析を行うこと。

(2) 白熱電灯のスペクトルの色範囲を較正曲線を用いて表 4-3 のようにまとめよ。波長に対応する振動数 [Hz]，エネルギー [eV] も求めよ。参考資料 (p.135 図 3.1) に記載されている色境界の波長を調べ，求めた色境界の波長の値を確認せよ。

(3) 水素スペクトルで観察される赤，青および紫の線スペクトルは式 (4-1) において $n = 3, 4, 5 \ (m = 2)$ に対応する。3 本の線スペクトルの波長から式 (4-1) を用いてリュードベリ定数 R_∞ を求めよ。参考資料 (p.131 表 2-3) からリュードベリ定数を調べ，測定結果と標準値を比較せよ。

───────── 問　題 ─────────

(1)　式 (4-2) の右辺に出てくる物理定数を参考資料 (p.131 表 2-1，表
　　　2-2，表 2-3) から調べよ。

　　　　電子の質量 m_e = ＿＿＿＿＿＿＿＿＿＿＿＿＿

　　　　電子の電荷 e = ＿＿＿＿＿＿＿＿＿＿＿＿＿

　　　　真空の誘電率 ε_0 = ＿＿＿＿＿＿＿＿＿＿＿＿

　　　　真空の光の速さ c = ＿＿＿＿＿＿＿＿＿＿＿＿＿

　　　　プランク定数 h = ＿＿＿＿＿＿＿＿＿＿＿＿

　　　これらを用いてリュードベリ定数 R_∞ を式 (4-2) より計算せよ。

(2)　ボーアの仮定，式 (4-3), (4-4) を用いて，水素原子の場合に式 (4-1)
　　　および式 (4-2) が成り立つことを示せ。

───────── 基礎知識 ─────────

- 原子発光のスペクトル
  線スペクトル

- 電球の光のスペクトル
  連続スペクトル

- 可視光の波長
  $400\,\mathrm{nm} \sim 760\,\mathrm{nm}$

- 原子内電子のエネルギー
  特定の，離散的な (とびとびの) エネルギーをもつ。

5. ニュートン環

1 目　　的

平凸レンズと平面ガラスを用いた光の干渉縞である**ニュートン環**を観察して，光の干渉現象についての理解を深める。またこの現象を利用して，平凸レンズの球面の**曲率半径**を測定する。

2 原　　理

2.1 ニュートン環

曲率半径の大きな平凸レンズを図 5-1 のように平行平面ガラス上におく。ガラス板の面に垂直に**単色光**を入射させ，その透過光または反射光を観察すると，図 5-2 のようにガラス板と平凸レンズの接触点を中心とする同心円状の明暗の干渉縞が見られる。これを**ニュートン環**(ニュートンリング) という。

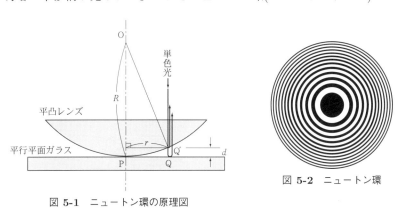

図 5-1　ニュートン環の原理図

図 5-2　ニュートン環

2.2 干渉条件と曲率半径

平凸レンズの**曲率半径**R はニュートン環の半径から，次のように求めることができる。図 5-1 のように平凸レンズの上方から平行な単色光 (波長 λ) を入射させたとき，レンズとガラスの接触点 P から水平距離 r の平面ガラス上の点 Q およびその直上で平凸レンズの凸面上の点 Q′ を通る光について考える。$\overline{QQ'}$ の距離すなわちレンズとガラスのすき間 d は，$R^2 = (R-d)^2 + r^2$ と $R \gg d$ より，**べき級数展開**を用いた近似では，

$$d = R - \sqrt{R^2 - r^2} = R\left\{1 - \left(1 - \frac{r^2}{R^2}\right)^{\frac{1}{2}}\right\}$$

$$\fallingdotseq R\left\{1 - 1 + \frac{r^2}{2R^2}\right\} = \frac{r^2}{2R} \qquad (5\text{-}1)$$

となる。上方から入射された光は点 Q′ で一部反射して上方に向かい，残りの光は透過して点 Q に達する。点 Q に達した光の一部は反射して上方へ向かい，残りの光は透過する。点 Q′ および点 Q で反射して上方へ向かった 2 つの光の位相差 ϕ が π の偶数倍になれば両方の光が強めあって明るくなり，位

★ニュートン環の光の干渉
光は波として空間を伝わるので波の重ね合わせの原理より 2 つの光は干渉を起こす。ニュートンリングの場合，レンズ球面からの反射光と平面ガラスからの反射光が干渉し，**干渉条件**よりリング状の干渉縞が生じる。

★干渉条件
ニュートン環の場合のレンズ球面からの反射光と平面ガラスからの反射光が弱め合う条件 (暗環) は，光路差 $2d$ が波長 λ の整数倍のときである。

【学ぶこと】
ニュートン環を観測して，光の干渉について理解する。
ニュートン環の半径を測定して，干渉条件より平凸レンズの曲率半径を求める。

★単色光
1 つの波長の光だけからなる光。

★曲率半径
曲面の一部を円弧で近似したときの円弧の半径で曲面の曲がり具合を表現する。

★べき級数展開

$(1-x)^{\frac{1}{2}}$

は $|x| \ll 1$ の場合

$(1-x)^{\frac{1}{2}}$
$\fallingdotseq 1 - \dfrac{x}{2} - \dfrac{x^2}{8} - \cdots$

と近似できる。この展開はべき級数展開と呼ばれる。式 (5-1) では

$\left(1 - \dfrac{r^2}{R^2}\right)^{\frac{1}{2}}$

をべき級数展開した上で，第 3 項以降は 0 と近似し，第 2 項までを用いている。

相差 ϕ が π の奇数倍のとき弱めあって暗くなる。点 Q′ での反射は光学的に**密な媒質**(ガラス) から**疎な媒質**(空気) への境界面での反射であり位相の変化はないが，点 Q での反射は疎な媒質から密な媒質への境界面の反射であり，位相が π 変化する。したがって点 Q および点 Q′ で反射した光の**位相差**ϕ は光路差が $2d$ より

$$\phi = \frac{2d}{\lambda} \cdot 2\pi + \pi = \left(\frac{2r^2}{\lambda R} + 1\right)\pi \tag{5-2}$$

で与えられる。実験では明環より暗環の方が観測しやすいので，r を暗環の半径と考える。暗環での光の位相差の条件は

$$\phi = (2n+1)\pi \qquad (n = 0, 1, 2, \cdots) \tag{5-3}$$

が成立するので，式 (5-2)，(5-3) より，暗環の半径 r は

$$r^2 = n\lambda R \tag{5-4}$$

の条件を満たす。

　いま，最小の暗環 (レンズの中心の暗いスポット) を 0 番目，これより外側の暗環を順番に 1，2，3，$\cdots$ 番目の暗環と呼ぶ。m 番目および $(m+l)$ 番目の暗環の半径をそれぞれ r_m，r_{m+l} とすれば式 (5-4) より

$$r_m^2 = m\lambda R \tag{5-5}$$

$$r_{m+l}^2 = (m+l)\lambda R \tag{5-6}$$

となり，この 2 つの式により R は

$$R = \frac{r_{m+l}^2 - r_m^2}{l\lambda} \tag{5-7}$$

となる。単色光の波長 λ が既知ならば，**ニュートン環**の半径 r_m，r_{m+l} を測定することにより，平凸レンズの**曲率半径**を求めることができる。

★**疎な物質と密な物質**
章末 (p.76) の「基礎知識」を参照のこと。

③　装置および器具
　平凸レンズ，平行平面ガラス，顕微鏡，コリメートレンズ，**ナトリウムランプ**，45° ガラス，標準尺度，LED スタンド，木製の台，毛筆など
　実験装置の配置は図 5-3 の概略図および図 5-4 の写真を参照のこと。

★**ナトリウムランプ**
ここではナトリウム D 線を単色光として用いる。D 線については p.75 の〈**参考1**〉を参照のこと。

④　方　　　法
4.1　ニュートン環の確認
(1)　平行平面ガラスや平凸レンズのガラス面に汚れがないことを確認して，毛筆でほこりを払う。ガラス面には素手で触らないこと。
(2)　黒く塗った木製の台の上に平行平面ガラスをのせる。
(3)　平行平面ガラスの上に平凸レンズを凸側を下に向けてのせる (平凸レンズの側面に矢印が描かれている。矢印の先端側が凸側である)。
(4)　平凸レンズのほぼ真上から LED スタンドの光をあて，図 5-2 のような虹色のニュートンリングが見えていることを肉眼で確認する。

< 実験方法の要約 >
★ 4.1 ニュートン環を肉眼で観察する
顕微鏡を用いずに平行平面ガラスの上に平凸レンズをのせて LED スタンドの光を当て，虹色のニュートン環を観察する。肉眼で見えるニュートン環全体の大きさは 0.5～1 mm 程度である。小さくて見づらいときは，ルーペを用いて観察する。

4.2　装置の調整

顕微鏡を用いてニュートン環を観察するために，以下の手順で装置の調整を行う。以下，図番号の無い丸数字は，図5-3ないし図5-4中の丸数字である。

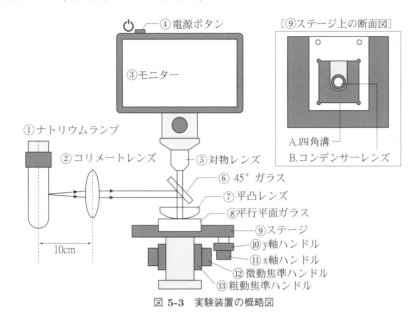

図 5-3　実験装置の概略図

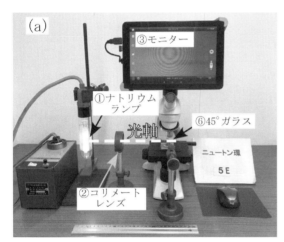
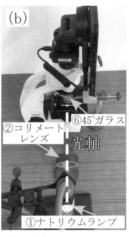

図 5-4　実験装置の写真 (a) 正面写真，(b) 側面写真

(1)　ナトリウムランプのスターターの電源を入れ，起動用ボタンを約10秒間押して ナトリウムランプを点灯させる。ナトリウムランプの光が安定するには，点灯後10〜15分程度の時間が必要なので，点灯しておいて以下の作業を行う。

(2)　顕微鏡のステージ（⑨）の中央にある四角溝（図5-3右上図A）に平行平面ガラスを入れる。

(3)　ステージ移動用のx軸ハンドル（⑪）とy軸ハンドル（⑩）を回転し，平行平面板の中央が対物レンズの真下になるようにステージを移動する（平行平面板の中央がコンデンサーレンズ（図5-3右上図B）の真上になるように動かすと良い）。

<実験方法の要約>
★ 4.2 装置の調整
(1) ナトリウムランプを点灯させる。
(2)〜(7) 顕微鏡像が見えるようにピントを調整する。
(8)〜(11) ナトリウムランプの光を入射させるため，図5-3 のようにコリメートレンズと45°ガラスをセットして調整する。
(12)〜(13) ニュートン環が明瞭に見えるように，平凸レンズを適切な位置に置き，ピントを再調整する。

(4) 平行平面ガラスの上に方眼紙を置く。その後，この方眼紙を LED ラ
     イトで照らす (暗すぎても明るすぎても方眼紙が見にくいので，適宜
     光量を調整する)。

(5) モニター（③）の左上の奥側にある電源ボタン（④）を長押しして，
     顕微鏡の電源を入れる。

(6) 顕微鏡像を観察するために，モニターの左上に表示されるカメラの図
     (図 5-5 I) をクリックする（無線マウスにより操作できる）。

(7) 顕微鏡のステージを上下に移動するための粗動焦準ハンドル（⑬）を
     回転し，対物レンズが方眼紙に近くなるまでステージを一度上げ，そ
     の後ゆっくり下げて，モニター画面に方眼紙の目盛が見えるようにピ
     ントを調節する。目盛が見えたら，微動焦準ハンドル（⑫）を回転し
     て，目盛がより明瞭に見えるようにピントを微調整する（図 5-5 II）。

(8) 方眼紙を取り除き，平行平面ガラスの中央に平凸レンズを置く。

(9) 45°ガラスを図 5-3 ないし図 5-4 のように対物レンズと平凸レンズの
     間に入れ，45°ガラスの傾きを変えたときに対物レンズや平凸レンズ
     に接触しないことを確かめた後，一旦平凸レンズを取り除く。

(10) ナトリウムランプの光が平行光線になるように，コリメートレンズを
     45°ガラスとナトリウムランプの間に入れる（コリメートレンズの
     焦点距離は 10 cm であるので，図 5-3 のように，ナトリウムランプか
     ら 10 cm 離れた場所に入れるようにする）。このとき光軸の高さ（図
     5-4 (a) の破線）が一定となるように，すなわち，ナトリウムランプ
     （①）の中心，コリメートレンズの中心（②）および 45°ガラス（⑥）
     の中心の高さが全て一致するようにする。また，図 5-4 (b) の破線の
     ように，光軸が直線になるようにする。

(11) モニター画面が，ナトリウムランプの出す光で最も明るくなるように
     45°ガラス（⑥）の傾きを調整する。

(12) 再び，平行平面ガラスの中央に平凸レンズをのせる（レンズの凸側を
     下に向けること。またレンズをできるだけ正確に中央に置くこと）。

(13) ニュートン環がモニター画面に表示されることを確認する（図 5-5
     III）。ニュートン環の中心が対物レンズの真下からずれていると，多
     数のほぼ平行な線のように見えることがある。より大きくずれている
     と，線が見えないこともある。このような場合は，ニュートン環の中
     心が対物レンズの真下に近づくように，平凸レンズを手で移動する。

(14) モニター画面の中心とニュートン環の中心がほぼ一致するように，ス
     テージ移動用の x 軸ハンドル（⑪）と y 軸ハンドル（⑩）を回転し
     て平凸レンズを移動する。

(15) 微動焦準ハンドル（⑫）を用いてステージを少し上下に動かし，45°
     ガラス（⑥）の角度を微調整することにより，ニュートン環がより明
     瞭に見えるようにする。

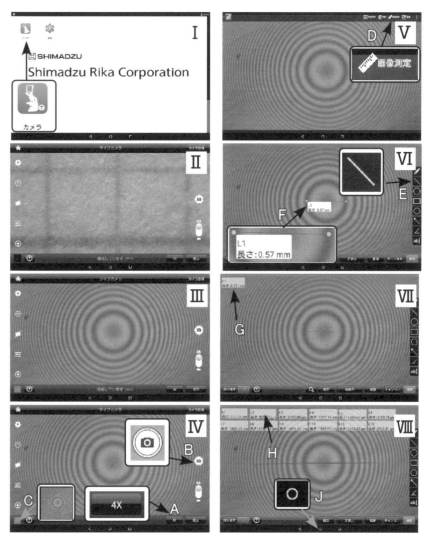

図 5-5 顕微鏡によるニュートン環の観察

4.3 ニュートン環の撮影と暗環の直径の測定

以下の手順にしたがってニュートン環を撮影し，暗環の直径 d_m を測定する。なおニュートン環には幅があるので，どの環についても同じ部分 (幅の中央) で測定しなければ測定誤差が大きくなる。以下，図番号の無いギリシャ数字は，図 5-5 の番号を示す数字である。

(1) 図 IV の A にある「1×」という文字をクリックし，表示される文字列の中から「4×」を選択する (使用する対物レンズの倍率 (4 倍) に応じた長さが表示されるようになる。この設定を誤ると長さが正しく表示されない。表示が「4×」に変更されたことを必ず確認すること)。

(2) 図 IV の B にある「カメラの図」をクリックして，モニター画面上の顕微鏡像を撮影する。撮影し保存されるとその画面が図 IV の C に表示される。その画像をクリックして，保存画面を全画面表示にする。

(3)　図 V の D にある「画像測定」の文字をクリックする（「画像測定」の文字が表示されていない場合には，カーソルはどの位置でも良いのでマウスをクリックすると表示される）。

(4)　図 VI の E にある「線の図」をクリックして，線分の長さを測定するモードにする。

(5)　図 VI のように，$m=1$ の暗環（図 5-6 参照）の直径 d_1 を測定する（測定の開始点でクリックし，そのまま終了点までドラッグした後に，クリックを離す。図 VI の F のように，線分とその長さが表示される）。測定した直径 d_1 の長さをノートに記録した後，次の測定で支障が無いように，長さの表示されているボックスを画面左上に移動する（ボックスをクリックし，そのまま画面左上までドラッグした後にクリックを離すと，図 VII の G のように移動できる）。

(6)　再度，「線の図」をクリックし，同様に $m=2$ の暗環の直径 d_2 を測定してその長さを記録する。以降，同様に図 VIII のように $m=3\sim12$ まで測定し，$d_3 \sim d_{12}$ の長さを記録する。

(7)　ノートに記録した $m=1\sim12$ までの暗環の直径と，画面上の数値（図 VIII の H）が全て同じであることを確認した後，図 VIII の J を押す（図 I の画面に戻る）。

(8)　ナトリウムランプのスターターの電源を切ることにより，ナトリウムランプを消灯する。

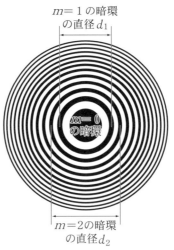

図 5-6　ニュートン環の暗環の直径

4.4　測定値を較正するためのデータの取得

以下の手順で，測定したニュートン環の直径 d_m を実際のニュートン環の直径 D_m に較正するための実験を行う。以下，図番号の無いギリシャ数字は，図 5-7 の番号を示す数字である。

(1)　平凸レンズおよび 45° ガラスを取り除く。

(2)　平行平面ガラスの上に方眼紙をおく。

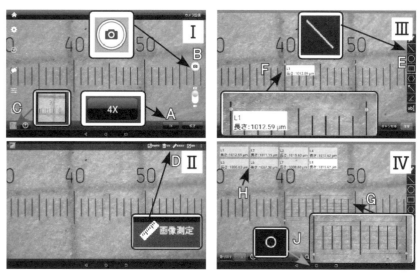

図 5-7　顕微鏡による標準尺度の観察

(3) 標準尺度 (最小目盛 1/10 mm) をプラスチックの容器から取り出し，毛筆でほこりをよく払った後，方眼紙の上において LED ライトで照らす（暗すぎても明るすぎても標準尺度が見にくいので，適宜光量を調整する）。

(4) モニター左上のカメラの図 (図 5-5 I) をクリックした後，標準尺度の目盛が見えるようにステージを動かし，その目盛にピントをあわせる（図 I）。

(5) 図 I の A にある「1×」という文字をクリックし，表示される文字列の中から「4×」を選択する（表示が「4×」に変更されたことを必ず確認すること）。

(6) 図 I の B にある「カメラの図」をクリックして，モニター画面上の顕微鏡像を撮影する。撮影し保存されるとその画面が図 I の C に表示される。その画像をクリックして，保存画面を全画面表示にする。

(7) 図 II の D にある「画像測定」の文字をクリックする（「画像測定」の文字が表示されていない場合には，カーソルはどの位置でも良いのでマウスをクリックすると表示される）。

(8) 図 III の E にある「線の図」をクリックして，線分の長さを測定するモードにする。

(9) 図 III の F のように，10 目盛分の長さ（=1 mm）q_1 を測定し（測定の開始点でクリックし，そのまま終了点までドラッグした後に，クリックを離す），ノートに記録する。その後，次の測定で支障が無いように，長さの表示されているボックスを画面左上に移動する（ボックスをクリックし，そのまま画面左上までドラッグした後にクリックを離すと移動できる）。

(10) 再度，「線の図」をクリックし，先ほどと同じ部分の長さ q_2 を測定してその長さを記録する（ソフトウエアの仕様上，同一の位置での測

定が難しいため，図 IV の G のように上下に少しずらした位置で測定する）。以降，同じ部分の長さを合計 8 回測定し（j=1～8），その長さを記録する。

(11) ノートに記録した $q_1 \sim q_8$ までの長さと，画面上の数値（図 IV の H）が全て同じであることを確認した後，図 IV の J を押す。

(12) 実験結果を検討し，不備がないことを確認した後，顕微鏡の電源を切る（モニターの左上の奥側にある電源ボタンを長押しすることで表示される「電源を切る」という文字をクリックする）。その後，さらに OK をクリックする）。実験器具をかたづけ，最初の状態にして実験を終了する。

5 結果の整理

4.4 節の結果から，測定値を実際の長さに変換するための変換定数 β を求める。その変換定数を用いて，ニュートン環の直径の測定値 d_m を，実際の直径 D_m に変換する。その半分の値が実際の半径 r_m となる。

(1) 4.4 節の標準尺度の測定により得た結果を表 5-1 のように整理し，標準尺度 10 目盛分の長さの測定値 $q_j\,[\mu\mathrm{m}]$ の平均値 $\overline{q}$ と誤差 σ_m を求める。

表 5-1 標準尺度 10 目盛分の長さの平均値

j	$q_j[\mu\mathrm{m}]$	$v[\mu\mathrm{m}]$	$v^2[\mu\mathrm{m}^2]$
1	1012.6	1.31	1.71
2	1011.2	-0.09	0.01
3	1015.6	4.31	18.6
4	1012.6	1.31	1.72
5	1006.6	-4.69	22.0
6	1007.4	-3.89	15.1
7	1008.7	-2.59	6.71
8	1015.7	4.41	19.4
$q = \overline{q} \pm \sigma_m = 1011 \pm 1\ \mu\mathrm{m}$			

(2) 標準尺度の 10 目盛分は 1 mm（=1000 μm）であるので，測定値を実際の長さに変換するための変換定数 β を，$\beta = \overline{q}/1000$ を計算することにより求める（実際の直径 D_m は，$D_m = d_m/\beta$ で求められる）。

(3) ノートに表 5-2 を作成し，暗環の番号 m，直径の測定値 d_m，実際の直径 D_m および実際の半径 r_m（$r_m = D_m/2$）を記入する。

(4) (3) で求めた r_7 と r_1（m=1, l=6 のときの，r_{m+l}，r_m）から，式 (5-7) を利用して平凸レンズの曲率半径 R を求める。ここでナトリウムランプの光の波長 λ は 589.3 nm として計算する。同様に，r_8 と r_2，r_9 と r_3，$\cdots$ からそれぞれ R を求め，表 5-3 のように整理する。

表 5-2 ニュートン環の半径 $r_m\,[\mu\mathrm{m}]$ の計算結果例

m	$d_m\,[\mu\mathrm{m}]$	$D_m\,[\mu\mathrm{m}]$	$r_m\,[\mu\mathrm{m}]$
1	577.7	571.4	285.7
2	833.9	824.8	412.4
3	1039.6	1028.3	514.2
⋮	⋮	⋮	⋮
11	2016.3	1994.4	997.2
12	2107.1	2084.2	1042.1

表 5-3 曲率半径 R の測定結果例

m	l	$r_{m+l}[\mu\mathrm{m}]$	$r_m[\mu\mathrm{m}]$	$R[\mathrm{cm}]$	$v[\mathrm{cm}]$	$v^2[\mathrm{cm}^2]$
1	6	794.5	285.7	15.54	0.052	0.0027
2	6	850.4	412.4	15.64	0.152	0.0231
3	6	901.1	514.2	15.49	0.002	0.0000
4	6	952.1	597.0	15.56	0.072	0.0052
5	6	997.2	672.4	15.34	-0.148	0.0219
6	6	1042.1	736.8	15.36	-0.128	0.0164
$R = \overline{R} \pm \sigma_m = 15.49 \pm 0.05\,\mathrm{cm}$						

〈参考1〉ナトリウムランプは波長 $\mathrm{D}_1 = 589.593\,\mathrm{nm}$, $\mathrm{D}_2 = 588.997\,\mathrm{nm}$ の2本の強い線スペクトルをもつ光を発する。このスペクトルは**ナトリウム D 線**と呼ばれ，橙色がかった黄色の光である。これらの波長は近いのでこの実験では2つの波長の平均値である 589.3 nm の単色光とみなす。

〈**参考2**〉 v および v^2 を求めるときには，R の平均値として小数点以下3桁目まで用いる（1桁多くとる）。

(5) 求めた R の平均値 $\overline{R}$ および残差 v，残差の2乗 v^2 を計算して表 5-3 に記入する。

(6) 平均値の誤差 σ_m を算出し，表 5-3 に式 (5-8) のように表す。

$$R = \overline{R} \pm \sigma_m = 15.49 \pm 0.05\ \mathrm{cm} \tag{5-8}$$

(7) 測定結果から求めた R と，実際の平凸レンズの R (15.45 cm) を比較する。(実際の平凸レンズの R には 0.02 cm の公差 (製作時に許される誤差) がある。この点も考慮して比較せよ。)

―――― 問 題 ――――

(1) 赤色と紫色の光を用いてニュートン環を観測した場合，ニュート
     ン環の 10 番目の暗環の半径 r_{10} はどれくらいになるか，式 (5-5)
     を用いてそれぞれ計算してみよう。ただし，赤色の光の波長は
     700 nm，紫色の波長は 400 nm とし $R = 15\,\mathrm{cm}$ とする。

―――― まとめ ――――

(1) ニュートン環を観察し，その半径より平凸レンズの曲率半径を求
     めた。
(2) ニュートン環は平凸レンズと平面ガラスで反射した光の干渉縞で
     ある。

―――― 基礎知識 ――――

- **疎な物質と密な物質**
  屈折率の異なる 2 つの物質が接しているとき，相対的に屈折率の小
  さな物質を (光学的に) 疎な物質，屈折率の大きな物質を密な物質
  という。

- **反射による位相の変化**
  疎な物質から光が入射し，密な物質との境界面で反射するとき，位
  相の変化は π となる。波動で学ぶ現象の，固定端反射に相当する。
  逆に，密な物質から光が入射し，疎な物質との境界面で反射すると
  きの位相の変化は 0 となる。こちらは，自由端反射に相当する。

6. 光の回折・干渉

1 目 的

レーザー光を用いて光の回折および干渉を観測して，波動の基本的な性質を理解する。

2 原 理

2.1 レーザー光を用いた光の回折・干渉

光は，電磁波であり波としての性質をもつ。波の性質である反射や屈折の現象は白色光においても日常的に観測することができるが，回折や干渉の現象については簡単に観測することはできない。しかし，波長や位相のそろった光を用いてスリットにあてると，比較的容易に回折像を観測することができる。レーザー光は時間的にも空間的にも**コヒーレント**な (位相のそろった) 光であり，干渉性が良くしかも指向性の良い明るいビーム状の光なので，特に暗くない部屋でも光の回折干渉像の詳細を明瞭に観察することができる。

実験に用いる**レーザー**は，He と Ne の混合ガスがつめられている He-Ne ガスレーザーである。まず直流放電によって He 原子を励起させ，次にその He 原子との衝突によって Ne 原子が励起する。その結果，励起状態の原子の数が多くなってきて**誘導放出**が起こり，波長 $\lambda = 632.8\,\mathrm{nm}$ の赤色光のレーザー光を発光する。

2.2 フラウンホーファー回折

図 6-1 に示すように点光源 Q から D' の距離に半径 a の小孔があいたスリット S をおき，その後方に距離 D だけ離れたスクリーン上の点 P で回折像を観測する場合を考える。スクリーンに映るスリットの回折像は，光源 Q がレーザーの場合，像はほとんど D' に依存せずに距離 D に依存する。小孔の回折像を D を変えて調べてみると図 6-2 のようになる。距離 D が $2a$ に比べてあまり大きくない点 D_1, D_2 では，スクリーン上の回折像は，スリットの形とほぼ同じ形の明るい像と，その像のふちの付近に明暗の縞が見られる。これは**フレネル (Fresnel) 回折**と呼ばれる。ところが，十分 D が大きくなると (点 D_3)，回折像はスリットの形とは，かけ離れた明暗の縞模様が観測される。これは**フラウンホーファー (Fraunhofer) 回折**と呼ばれる。

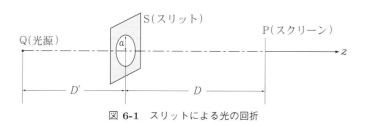

図 **6-1** スリットによる光の回折

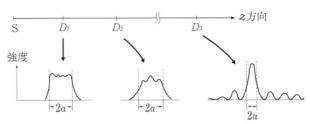

図 6-2 フレネル回折とフラウンホーファー回折

　フレネル回折からフラウンホーファー回折へは連続的に移行する。フラウンホーファー回折を生じさせるには入射光を平面波とし $a^2/\lambda > D$ を満たす遠方の点 P で観測すればよい。フラウンホーファー回折は，比較的容易な数学的取り扱いができる点と実験上のパラメータがごく少数個になる有利さもあって，フレネル回折よりはるかに広く利用されており応用の面で重要である。

2.3　いろいろなスリットにおける回折

　いろいろなスリットの例においてフラウンホーファー回折を数式を用いて記述してみよう。ただし，入射光は波長 λ，振幅 E_0，角振動数 ω の単色平面波とする。

2.3.1　1本のスリットによる回折

　図 6-3 に示すような幅が b の 1 本のスリットに，スリット面に垂直に左側から光が入射するとき，θ 方向に回折する波の強度を求める。

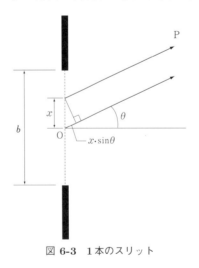

図 6-3　1本のスリット

　まず，幅 b の中に N 個の波が等間隔に並んで θ 方向に向かうとする。スリットの中心 O から θ 方向に向かう波を基準にとり，その波の時刻 t における変位 E を複素数で表すと，

$$E = \frac{E_0}{N} \exp(i\omega t) \tag{6-1}$$

となる。この波から n 番目の (x 方向に nb/N 離れた) 波の位相差 δ_n は，図

6-3 より，

$$\delta_n = kx\sin\theta = k\frac{nb}{N}\sin\theta \tag{6-2}$$

となる。ここで k は波数で $k = 2\pi/\lambda$ である。したがって θ 方向に向かう N 個の波をすべて加え合わせると波動に関する**重ね合わせの原理**により，その振幅 E は，次式のようになる。

$$E = \frac{E_0}{N}\exp(i\omega t)\sum_{n=-\frac{N}{2}}^{\frac{N}{2}}\exp\left(ik\frac{nb}{N}\sin\theta\right) \tag{6-3}$$

★重ね合わせの原理
2つの波が重なりあっているとき，その振幅 (変位) は，2つの波のそれぞれの位置での振幅 (変位) を加えたものになる。これを波の重ね合わせの原理という。

ここで $N \to \infty$ の極限をとると $x = nb/N$ より，上式の和は x についての積分におきかわり，次のようになる。

$$E = \frac{E_0}{N}\exp(i\omega t)\frac{N}{b}\int_{-b/2}^{b/2}\exp(ikx\sin\theta)\mathrm{d}x = E_0\exp(i\omega t)\cdot\frac{\sin\beta}{\beta} \tag{6-4}$$

ただし，

$$\beta = \frac{kb}{2}\sin\theta = \frac{\pi b}{\lambda}\sin\theta \tag{6-5}$$

波の強度 I は振幅 E の絶対値の 2 乗であるから，

$$I = |E|^2 \propto \left(\frac{\sin\beta}{\beta}\right)^2 \tag{6-6}$$

$\left(\frac{\sin\beta}{\beta}\right)$ は，光学や波動論に頻繁に出てくる重要な関数で図 6-4 のような形をしている。

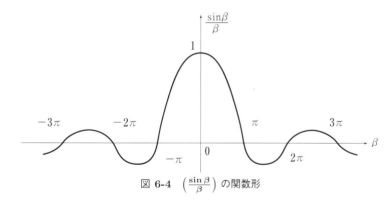

図 **6-4** $\left(\frac{\sin\beta}{\beta}\right)$ の関数形

式 (6-6) を β について微分すると，

$$\frac{\mathrm{d}}{\mathrm{d}\beta}\left(\frac{\sin\beta}{\beta}\right)^2 = 2\frac{\sin\beta}{\beta}\cdot\frac{\beta\cos\beta - \sin\beta}{\beta^2} \tag{6-7}$$

よって強度 I が極小または極大になる方向は式 (6-7) の 右辺 $= 0$ より次のように求められる。

強度が極小 (暗いところ) は，

$$\sin\beta = 0 \text{ より} \quad \frac{b\sin\theta}{\lambda} = \pm1, \pm2, \pm3, \cdots \tag{6-8}$$

でおこり，強度が極大 (明るいところ) となるのは，$\beta = 0$ より中心の主極大と

$$\beta = \tan\beta \ \text{より} \ \frac{b\sin\theta}{\lambda} \fallingdotseq \pm 1.43, \pm 2.46, \pm 3.47, \cdots \tag{6-9}$$

でおこる。上の 2 式を比べて分かるように，暗い位置の間隔は一定になっているが，明るい位置は，暗い位置の中間より中央寄りにずれている。回折像はスリットから十分離れたところで観察するので β は入射光に垂直におかれたスクリーンの中心からの距離に比例しているとみてよい。図 6-5 に回折強度 I 対 β の関係およびスクリーン上に見られるであろう回折像を示す。ここで重要なことは，スリット幅 b が小さいほど ($\sin\theta$ が大きくなり)，回折像の模様 (例えば暗線の間隔) は大きく，回折効果は著しくなることである。

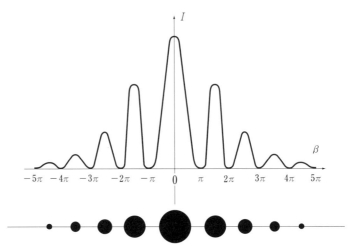

図 6-5　1 本のスリットによる回折像

2.3.2　平行に並んだ 2 本のスリットによる回折

図 6-6 のように，幅 b のスリットが 2 本，間隔 d で平行に並んでいるとき，これらのスリットに垂直に単色平面波が入射するとして，θ 方向に進む波の強度を求める。

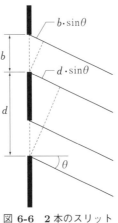

図 6-6　2 本のスリット

隣りあう 2 つのスリットから θ 方向に進む 2 つの波の位相差 δ は，

$$\delta = \frac{2\pi}{\lambda} d \cdot \sin \theta \tag{6-10}$$

である。それぞれのスリットから式 (6-4) の振幅をもつ光が回折されるから，これらを δ の位相差をつけて加え合わせれば，2 本のスリットから θ 方向に回折する波の合成振幅 E は次のようになる。

$$E \propto \frac{\sin \beta}{\beta} \cdot \{1 + \exp(i\delta)\} \tag{6-11}$$

その強度 I は，$\gamma = \delta/2$ とおくと，

$$I = |E|^2 \propto \left(\frac{\sin \beta}{\beta}\right)^2 \cdot \cos^2 \gamma \tag{6-12}$$

★式 (6-12) では，次の三角関数の公式を用いる。
$\cos(2A) + 1 = 2\cos^2 A$

で与えられる。図 6-7 は $d = 3b\,(\gamma = 3\beta)$ の場合の式 (6-12) の様子を示す。

図 6-7(a) の $\cos^2 \gamma$ は無限に細い 2 本のスリットによる干渉を表し，(b) の $\sin^2 \beta/\beta^2$ は有限幅 b をもつ 1 本のスリットからの回折強度に相当するそれらを合成すると (c) のような強度分布が得られる。1 本のスリットによる回折強度の中に 2 本のスリットによる干渉縞が見られる。

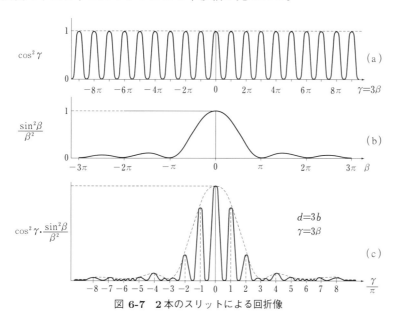

図 6-7　2 本のスリットによる回折像

2.3.3 幅 b のスリット N 本，間隔 d で平行に並んでいる回折格子による回折

図6-8のようなスリットに垂直に単色平面波が入射するとして θ 方向に進む波を考える。隣接するスリットから回折する波の位相差 δ は2.3.2で考えた2本のスリットの場合と同様に式 (6-10) で与えられる。よって第1番目のスリットを通る波と，第 n 番目のスリットを通る波の位相差は，$(n-1)\delta$ である。

★等比級数の和

初項 a，公比 r の等比級数の和は，

$$S_N = a + ar + ar^2$$
$$+ \cdots + ar^{N-1}$$
$$= \frac{a\left(1-r^N\right)}{1-r}$$

式 (6-13) において，$a = 1$，$r = e^{i\delta}$ とすれば右辺が導出される。

★式 (6-14) では，次の公式を用いる。

$$|1 - e^{iA}|^2$$
$$= (1-e^{iA})(1-e^{-iA})$$
$$= 2 - (e^{iA} + e^{-iA})$$
$$\cos A = \frac{1}{2}(e^{iA} + e^{-iA})$$
$$\cos 2A = 1 - 2\sin^2 A$$

★式 (6-14) で $N=2$ とおいたとき，次の三角関数の公式を用いると，式 (6-12) に一致する。
$$\sin 2A = 2\cos A \cdot \sin A$$

★ $\gamma \to 0$ のとき式 (6-16) が N^2 になることの導出

$$\lim_{\gamma \to 0} \frac{\sin^2 N\gamma}{\sin^2 \gamma}$$
$$= \lim_{\gamma \to 0} \left(\frac{N\gamma}{\gamma}\right)^2$$
$$= N^2$$

★ラウエ関数

周期構造の周期の程度 (秩序度) を表す関数。周期構造のフーリエ積分より求まる。周期秩序が高いほどラウエ関数は幅が狭く高いピークをもち，周期秩序が低いと幅が広く低いピークとなる。

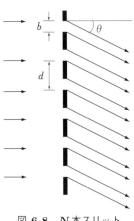

図 6-8 N 本スリット

各スリットから回折した波の振幅は式 (6-4) を $n = N-1$ まで位相差を考慮して加えたものになる。合成振幅 E は次式のように表せる。

$$E \propto \frac{\sin\beta}{\beta} \cdot \left\{1 + e^{i\delta} + e^{i2\delta} + \cdots + e^{i(N-1)\delta}\right\} = \frac{\sin\beta}{\beta} \cdot \frac{1 - e^{iN\delta}}{1 - e^{i\delta}} \tag{6-13}$$

その強度 I は，

$$I = |E|^2 \propto \left(\frac{\sin\beta}{\beta}\right)^2 \cdot \frac{\sin^2 N\gamma}{\sin^2 \gamma} \tag{6-14}$$

となる。ここで γ は，

$$\gamma = \frac{\delta}{2} = \frac{\pi d}{\lambda}\sin\theta \tag{6-15}$$

である。$N = 2$ とおけば式 (6-14) は式 (6-12) に一致する。式 (6-14) の中の

$$\frac{\sin^2 N\gamma}{\sin^2 \gamma} \tag{6-16}$$

はラウエ (Laue) 関数と呼ばれ，N 本スリットによる干渉を表す。式 (6-16) の $N = 6$ の場合の様子を図6-9に示す。式の分子 (a)，分母 (b) がともに0になるところで (c) のように**主極大**が現れ，その極大値は N^2 になる。

主極大の幅は $1/N$ に比例して狭くなる。そして隣り合う2つの主極大の間には，式 (6-16) の分子の極大に対応して $(N-2)$ 個の**副極大**が現れる。

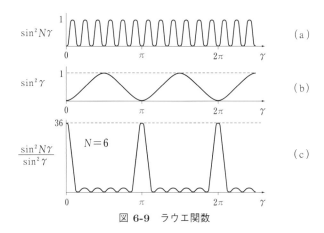

図 6-9　ラウエ関数

よって式 (6-14) の様子は図 6-10 のようになる。1 本のスリットによる回折強度 $(\sin\beta/\beta)^2$ (図 6-10 の破線) に N 本のスリット相互の干渉項，すなわち式 (6-16) を掛けたものが実際に観測される強度分布に対応する。また，主極大の方向 θ_m は $\sin^2\gamma = 0$ より $\gamma = m\pi$ であるから，式 (6-15) より，

$$d\sin\theta_m = m\lambda \tag{6-17}$$

で与えられる。この式は回折格子による光の回折についてよく知られた関係式である。ナトリウムランプのような放電管を光源に用いた場合は，この主極大だけを観察しているが，強度の強いレーザー光を用いた場合は副極大も肉眼で見ることができる。

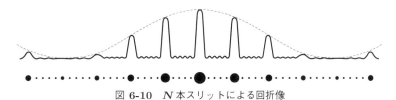

図 6-10　N 本スリットによる回折像

3　装置および器具

He-Ne ガスレーザー発振器，光学台，スクリーン板，各種スリット，スリット固定用マグネット台，竹尺，電気スタンドなど

4　方　　　法

実験ではレーザー光を直接目で見ないように注意すること。

<実験の注意事項>
レーザー光は直接目で見ないこと！　直接目に入れると網膜に障害を起こす恐れがある。

4.1　単スリットによる回折

＜実験方法の要約＞
★ **4.1 単スリットによる回折**
図 6-11 のように単スリットを固定して，スクリーンに鮮明に図 6-5 のような回折像が見えるようにスリットの位置や方向を調整する。スクリーンに方眼紙を貼り付けて回折像を写し取る。

単スリットによる回折像を観察し，回折強度の極小の位置 x_n を求め回折理論と比較する。

(1)　図 6-11 のように単スリットを光学台に固定する。
(2)　レーザー光をスリットに垂直に照射し，図 6-5 のような回折像が左右対称に出るようにスリットの位置を調整する。
(3)　スクリーンとスリットの距離 D を測定する。
(4)　スクリーン板に方眼紙を貼り付け，回折像を写し取る。スリット幅 b は，大小 2 つあるので，それぞれについて回折像を記録する。そしてスリットがない場合のレーザー光のスクリーン上の点からの暗線の位置 x_n を測定する。

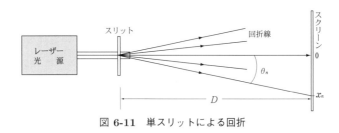

図 6-11　単スリットによる回折

n 次の暗線の位置 x_n は，回折角 θ_n が小さい場合

$$\sin\theta_n = \frac{x_n}{D} \tag{6-18}$$

とおけるので，式 (6-8) より，

$$x_n = n\frac{\lambda D}{b} \tag{6-19}$$

で与えられる。

4.2　2 本のスリットによる回折

＜実験方法の要約＞
★ **4.2　2 本のスリットによる回折**
単スリットの代わりに 2 本のスリットを固定して，スクリーンに鮮明に図 6-7(c) のような回折像が見えるようにスリットの位置や方向を調整する。スクリーンに方眼紙を貼り付けて回折像を写し取る。

★ **2 本のスリットの干渉パターンの特徴**
スリット幅 b を含む項 (図 6-7(b)) と 2 つのスリットの間隔 d による項からなる。

2 本のスリットによる回折像を観察し，回折強度の極小の位置を求め回折理論と比較する。

(1)　単スリットを 2 本スリットに置きかえて，4.1 と同様に調整して，回折像をつくる。
(2)　スクリーンとスリットの距離 D を測定する。
(3)　観測される回折像は，図 6-7(c) に対応する。スリット幅 b を含む項 (図 6-7(b)) と 2 つのスリットの間隔 d による項 (図 6-7(a)) に分けて解析できるように，回折像の模様を計測しスクリーン板に貼り付けた方眼紙に写し取る。

図 6-7 の (b) に対応する回折強度の極小位置 (暗線) を x_n，(a) に対応する極小位置を y_n とする。すると x_1 は，$\beta = \pi$ となる位置であるから，回折角を θ_1 とすると式 (6-5) より，

$$\beta = \frac{\pi b}{\lambda} \sin\theta_1 = \pi \tag{6-20}$$

ここで，$\sin\theta_1 = \dfrac{x_1}{D}$ の近似を用いると，

$$x_1 = \frac{\lambda D}{b} \tag{6-21}$$

となる。一方，y_1 は式 (6-12) で $\cos\gamma = 0$ つまり $\gamma = \pi/2$ となる位置に対応するから，回折角を θ_1' とすると式 (6-10) と $\gamma = \delta/2$ より，

$$\gamma = \frac{\pi d}{\lambda} \sin\theta_1' = \frac{\pi}{2} \tag{6-22}$$

$\sin\theta_1' = \dfrac{y_1}{D}$ の近似を用いると，

$$y_1 = \frac{\lambda D}{2d} \tag{6-23}$$

となる。

4.3　多数のスリットによる回折

　光学定規を回折格子として用い，その回折像を観察し，3種類の格子間隔の回折格子の回折像の重ね合わせであることを確かめる。

(1) 図 6-11 のスリットのところに，ガラス面上に図 6-12 に示すような目盛を刻んだ**光学定規**(オプティカルスケール) を回折格子として用い，4.2 と同様にして回折像をつくる。

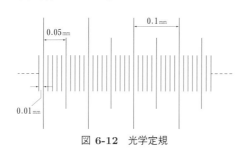

図 6-12　光学定規

＜ 実験方法の要約 ＞
★ 4.3 多数のスリットによる回折
光学定規を図 6-11 のようにスリットのところに固定し，スクリーンに鮮明に図 6-10 のような回折像が見えるようにスリットの位置や方向を調整する。観測される回折像は，3種類の間隔の刻線による回折像が重ね合わさっていることに注意する。スクリーンに方眼紙を貼り付けて回折像を写し取る。

(2) スクリーンと回折格子の距離 D を測定する。

(3) 観測される回折像は，0.01 mm，0.05 mm および 0.10 mm 間隔の異なる長さの刻線による回折像が重ね合わさっている。3つの回折像に分けて解析できるように，回折像の主極大位置を計測し，スクリーン板に貼り付けた方眼紙に写し取る。各主極大の位置は式 (6-17) で説明できる。ただし，2.3.3 の N 本スリットで述べた，主極大間に出る副極大は，多数出ているのでほとんど分解されていない。

5　結果の整理

　各スリットごとに得られた方眼紙上の回折像は記録として残し，レポートに掲載する。これら各種回折像には，以下の解析で求めた実測値が，どの暗

線あるいは明線から得られたかが分かるよう図中で指示し，本文でも説明する。測定結果を表6-1〜表6-3のように整理して，実測値と理論値の差を検討して，その差が大きい場合は原因を考察する。

5.1　単スリットによる回折

大小2つのスリットについて式 (6-19) を用いて，n 次の暗線の位置 x_n を求め，方眼紙から計測した実測値の x_n との比較表を表6-1のように作成する。スリット幅 b はスリットに記入されている値を用いる。

表 6-1　暗線の位置 x_n の測定結果

暗線の位置	$x_1\,[\mathrm{mm}]$	$x_2\,[\mathrm{mm}]$	$x_3\,[\mathrm{mm}]$
実測値			
理論値			

5.2　2本のスリットによる回折

式 (6-21) を用いてスリット幅 b を含む項による一次の暗線位置 x_1 と式 (6-23) を用いてスリット間隔 d による回折の一次の暗線位置 y_1 を求め，方眼紙から計測した実測値との比較表を表6-2のように作成する。スリット幅 b およびスリット間隔 d の値はスリットに記入されている値を用いる。

表 6-2　暗線位置 x_1 と y_1 の測定結果

暗線の位置	$x_1\,[\mathrm{mm}]$	$y_1\,[\mathrm{mm}]$
実測値		
理論値		

5.3　多数のスリットによる回折

式 (6-17) において，主極大位置を x_m とすると $\sin\theta_m = \dfrac{x_m}{D}$ と近似して

$$x_m = \frac{m\lambda D}{d} \tag{6-24}$$

と表せる。3種類の格子間隔 d について各主極大間隔 $\delta = x_m - x_{m-1}$ を上式より求め，方眼紙より計測した実測値との比較表を表6-3のように作成する。

表 6-3　主極大間隔 δ の測定結果

主極大間隔	$d = 0.01\,\mathrm{mm}$ の $\delta\,[\mathrm{mm}]$	$d = 0.05\,\mathrm{mm}$ の $\delta\,[\mathrm{mm}]$	$d = 0.10\,\mathrm{mm}$ の $\delta\,[\mathrm{mm}]$
実測値			
理論値			

─── 問 題 ───

(1) 単スリットによる回折の場合にスクリーン上に現れる回折像にお
いてなぜ暗線の位置を測定するのか考える。

暗線の場合の距離 x は，レーザー光の波長を λ，スリット幅を
b，スリットからスクリーンまでの距離を D とすると，式 (6-19)
より，中心より n 番目の暗線の位置 x_n は

$$x_n = n\frac{\lambda D}{b}$$

で与えられ，暗線の位置は $\dfrac{\lambda D}{b}$ の整数倍となる。しかし，明線の
場合は $\dfrac{\lambda D}{b}$ の整数倍とならない。

明線の場合の位置を x'_n とすると，式 (6-9) と式 (6-18) より
x'_1, x'_2, x'_3 を $\lambda,\ b,\ D$ を用いて表せ。

4.1 の単スリットの実験結果における x'_1, x'_2, x'_3 の値を計算と
比較してみよう。

─── まとめ ───

(1) いろいろなスリットによる光の干渉および回折像を観測し，その
特徴を学んだ。

(2) 干渉は，複数の光の波の重ね合わせにより生じる。

(3) 干渉は，位相がそろった波 (コヒーレントな波) の間の重ね合わせ
で強く生じる。

(4) 干渉像の間隔と干渉を起こすスリットのサイズとは反比例の関係
がある。

─── 基礎知識 ───

● 波の重ね合わせの原理

2つの波が重なりあっているとき，その振幅 (変位) は，2つの波の
それぞれの振幅（変位）を加えたものになる。

● 波の強度

波の強度は，波の振幅の絶対値の2乗で表せる。

● 波の強度

時間的にも空間的にも位相のそろった (コヒーレント) な光で，干
渉性および指向性がよいビーム状の光である。

7. 電気抵抗

① 目 的

金属の電気抵抗の温度依存性を測定して，実験値を標準値もしくは文献値と比較する。また，その結果を基に物質の電気抵抗について理解を深める。

② 原 理

2.1 金属の電気抵抗

2.1.1 電気抵抗の現象論

ある断面を電荷をもった粒子 (荷電粒子またはキャリア) が通過するとき，その流れを電流といい，1秒間あたり 1 C の電荷が通過するときの電流の大きさを 1 A と約束している。キャリアとしては，金属における**電子**，半導体における**電子**および**正孔**，イオン結晶におけるイオンなどがある。電子および正孔は，1個あたり絶対値が 1.6×10^{-19} C の電荷を運ぶ。長さ l [m]，断面積 S [m²] の棒状の導体を流れる電流を I [A]，電子の電荷を $-e$ [C]，電気伝導にあずかる電子の密度を n [個/m³]，電子の平均速度を $\bar{v}$ [m/s] とすると，電流は次式で表せる。

$$I = -ne\bar{v}S \tag{7-1}$$

$\bar{v}$ は，電場の強さ E [V/m] に比例するので比例定数を μ とすると，

$$\bar{v} = -\mu E \tag{7-2}$$

と表され，比例定数 μ を**移動度**(mobility) といい，これは物質中での電子の動きやすさを表す。

導体中の電子の平均速度 $\bar{v}$ が電場に比例することを，以下で電子個々の運動に着目して議論する。

電子の質量を m とすると，電場の方向の電子の運動方程式は，

$$m\frac{dv}{dt} = -m\gamma v - eE \tag{7-3}$$

である。$-m\gamma v$ は抵抗力を表す。この微分方程式を解くと，

$$v = v_0 \exp(-\gamma t) - \frac{e}{m\gamma}E \tag{7-4}$$

となる。ここで v_0 は $t = 0$ における $v + (e/m\gamma)E$ の値である。一定時間経過した後に第1項は0とおくことができて，第2項だけが残る。これが定常状態であり，次式の通り，$(-e/m\gamma)E$ が平均移動速度 $\bar{v}$ である。

$$\bar{v} = -\frac{e}{m\gamma}E \tag{7-5}$$

これを式 (7-1) に代入すると

【学ぶこと】

物理
電気抵抗の起源
金属
実験技術
ホイートストンブリッジを用いて電気抵抗を測定する。
その他
最小二乗法 (p.24 2.5.3 参照) を用いて，温度係数 α，抵抗率 $\rho(0)$ などを求める。

★ $m\dfrac{dv}{dt} = -m\gamma v - eE$ の一般解
$m\dfrac{dv}{dt} + m\gamma v = 0$ の解，
$v_0 \exp(-\gamma t)$ と $m\dfrac{dv}{dt} + m\gamma v = -eE$ の特解
$-\dfrac{e}{m\gamma}E$ の和として与えられる。

【キーワード】
電流
電子
正孔

$$I = \frac{ne^2}{m\gamma}ES = \frac{ne^2}{m}\tau ES \tag{7-6}$$

となる。ここで，$\tau = 1/\gamma$ を**緩和時間**という。電流密度 j を用いれば，$I = jS$ なので，次式で与えられる。

$$j = \frac{ne^2}{m}\tau E \tag{7-7}$$

オームの法則は，電気伝導度，抵抗率をそれぞれ $\sigma\,[\Omega^{-1}\mathrm{m}^{-1}]$, $\rho\,[\Omega\mathrm{m}]$ とすると，

$$j = \sigma E = \frac{E}{\rho} \tag{7-8}$$

なので，

$$\rho = \frac{1}{\sigma} = \frac{m}{ne^2\tau} \tag{7-9}$$

と表せる。

【キーワード】
オームの法則
電気伝導度
抵抗率

★オームの法則
$I = jS = (E/\rho)Sl/l$
$\quad = El\dfrac{1}{\left(\dfrac{\rho\,l}{S}\right)} = V/R$

2.1.2　金属の電気抵抗をもたらすもの

　電気抵抗は，式 (7-9) で示したように，n と τ に依存するが，金属の場合 n は一定なので，抵抗変化をもたらす原因は τ (緩和時間) に関係している。それについて考える。絶対温度 T が 0 K の場合，金属結晶をつくっているイオンが正確に周期的な配列をしているときは，電子が通っても散乱を受けないで素通りする。金属の抵抗が 0 K 近くでほとんど 0 であるという実験事実はこの考えによって十分説明される。ところが，温度が高くなるとイオンが熱振動を始めるので，金属結晶の周期的配列が乱れる。ここに電子がくると散乱され，またイオンと電子の間にエネルギーの授受が行われることになる。この頻度はイオンが動きまわる範囲の一方向への投影面積 (動きまわる範囲の半径の 2 乗) に比例する。この投影面積が絶対温度 T に比例するので，金属の電気抵抗が絶対温度に比例する。

　以上述べたように金属の電気抵抗はイオンの配置が規則的配置からずれることによって起こるのであって，これが熱運動によるものではなくても，例えば，もともと配置自身が不規則であればこのために抵抗が生じる。温度に依存せず 0 K においても残っている (0 K に外挿された) 抵抗値のことを**残留抵抗**という。イオン配置が，格子欠陥によって不規則になっている場合や，合金でいくつかの種類の原子の配列が入れ違いに乱れている場合などがこの例である。

　以上，大別すると，電気抵抗の生ずる原因は，

i) 格子振動

ii) 不純物または格子欠陥およびその両方

の 2 つに分けることができ，i) および ii) の要因からくる抵抗率をそれぞれ ρ_p および ρ_i とすると，不純物原子を含む金属の抵抗は有限の温度において一般に次のように書ける。

★原子配列の乱れがあると，熱振動で配列が不規則に乱れ，電子の波は干渉しなくなる。

★金属の電気抵抗は
(1) 温度依存する格子振動の寄与
(2) 温度に依存しない不純物・格子欠陥の寄与
の和で理解できる。

$$\rho = \rho_{\mathrm{p}} + \rho_{\mathrm{i}} \tag{7-10}$$

これをマチーセン (Matthiessen) の法則という。

　金属中の自由電子について，固体量子論を適用すると，緩和時間 τ は次のように近似できる。

$$\tau \sim \frac{\hbar}{k_{\mathrm{B}}T} \tag{7-11}$$

ここで，$\hbar$ はプランク定数 h を 2π で割った値，T は絶対温度である。式 (7-11) を式 (7-9) に代入すると，摂氏温度 $t\,[^{\circ}\mathrm{C}](= T - 273.15\,[\mathrm{K}])$ での抵抗率 $\rho(t)$ は，

$$\rho(t) \sim \frac{mk_{\mathrm{B}}T}{e^2 n\hbar} = \frac{mk_{\mathrm{B}}}{e^2 n\hbar} \times 273.15 \left(1 + \frac{1}{273.15}t\right) \tag{7-12}$$

となる。

　$t\,[^{\circ}\mathrm{C}]$ での試料の電気抵抗 $R(t)\,[\Omega]$ は，

$$R(t) = \rho(t)l/S \tag{7-13}$$

となる。ここで，$l\,[\mathrm{m}]$ は試料の長さ，$S\,[\mathrm{m}^2]$ はその断面積，$\rho\,[\Omega \cdot \mathrm{m}]$ は試料の抵抗率である。また $\rho(t)$ の実験式は，経験則として，t が室温近くで高温とみなせる場合は，次のように表すことができる。

$$\rho(t) = \rho(0) \cdot (\alpha t + 1) \tag{7-14}$$

　ここで，$\rho(0)$ は $0\,^{\circ}\mathrm{C}$ における抵抗率，α は抵抗の温度係数である。前に求めた理論式 (7-12) と実験から得られる式 (7-14) を比較すると，抵抗の温度係数は，

$$\alpha = 1/273.15\,[\mathrm{deg}^{-1}] \tag{7-15}$$

となり，$0\,^{\circ}\mathrm{C}$ における抵抗率は，

$$\rho(0) = \frac{mk_{\mathrm{B}}}{e^2 n\hbar} \cdot 273.15\,[\Omega \cdot \mathrm{m}] \tag{7-16}$$

となる。

2.2　ホイートストンブリッジならびにダイヤル式抵抗測定装置

★ホイートストンブリッジ
未知の抵抗を含んで 4 つの抵抗をブリッジ状に配置して，中間点の電位差を測定することによって，未知の抵抗値を測定する回路のこと。

　ホイートストンブリッジ (Wheatston's bridge) は，電気抵抗の測定によく用いられる。図 7-1 にその回路図を模型的に示す。P, Q, R, S は電気抵抗の値である。

　今，スイッチ K_1 を閉じて電流を流し，さらにスイッチ K_2 を閉じる。そして検流計のふれが 0 になるように Q, P, S を調節したとすれば，検流計を流れる電流 $i_{\mathrm{G}} = 0$ なので，電池 E_{B} を流れる電流 i は i_1 および i_2 に分かれ，i_1 は P, S を流れ，i_2 は Q, R を流れる。ところで，$i_{\mathrm{G}} = 0$ ならば cd 間に電位差がないので，ac 間の電位差は ad 間の電位差に等しく

$$Pi_1 = Qi_2 \qquad\qquad (7\text{-}17)$$

となる。同様にして，cb 間の電位差は，db 間の電位差に等しく，

$$Si_1 = Ri_2 \qquad\qquad (7\text{-}18)$$

となる。上の 2 式から，i_1, i_2 を消去すれば

$$\frac{P}{S} = \frac{Q}{R}, \quad \therefore PR = SQ, \quad \therefore R = \frac{Q}{P}S \qquad\qquad (7\text{-}19)$$

となる。すなわち，検流計の電流が 0 になるとき，既知抵抗 S および 2 つの抵抗 P, Q の比 P/Q をホイートストンブリッジによって求めれば，未知抵抗 R を求めることができる。

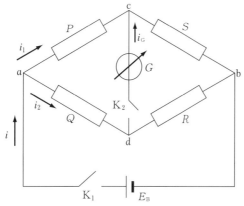

図 **7-1** ホイートストンブリッジの回路図

　ホイートストンブリッジの Q, P, S 抵抗を 1 個の箱におさめて使いよくしたものにダイヤル式抵抗測定装置がある。それを図 7-2 に示す。検流計 G，電池 E_B，スイッチなども箱についているものが多い。

　図 7-2 のホイートストンブリッジでは未知抵抗 R_X は $R_X = (Q/P)R_S$ として求められる。

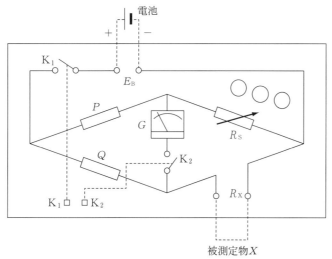

図 **7-2** ダイヤル式抵抗測定装置

3　装置および器具

ホイートストンブリッジ (ダイヤル式抵抗測定装置)，検流計，電池，加熱用水槽，スライダック，試料 (金属 (銅))

4　実 験 方 法

まず，「4.1 未知抵抗 R_X の求め方」を習得したのち，「4.2 金属 (銅) の抵抗の温度変化の測定」を行う。

< 実験方法の要約 >

★ 4.1 未知抵抗 R_X の求め方

R_s の許容値をせばめ，Q/P の比を徐々に小さくしていき R_x の測定精度を上げて式 (7-19) より R_x の値を求める。

4.1　未知抵抗 R_X の求め方

図 7-2 のブリッジ回路において，P, Q を比例辺，R_S を可変抵抗と呼び，これらを用いて，未知抵抗 R_X をブリッジの平衡条件 $R_X = \dfrac{Q}{P} R_S$ より求める。

(1) 図 7-2 のように，電池の極性 $(+, -)$ を間違えないように，電池を E_B に接続し，R_X 部に未知抵抗 X (ここでは金属銅) の端子を取り付ける。

(2) まず P に $1\,\mathrm{k\Omega}$，Q に $1\,\mathrm{k\Omega}$ の比例辺抵抗器を接続する。

(3) R_S のダイヤル抵抗器を適当な値に設定しておき，$\mathrm{K_1}$ スイッチを押しながら $\mathrm{K_2}$ スイッチを軽く点打する。そして検流計 G の針が $+$ 側，$-$ 側のどちらかに振れるか調べる。

(4) $+$ 側に振れれば $R_S > R_X$，$-$ 側に振れれば $R_X > R_S$ を意味する。R_S の許容する値の範囲をせばめていく。例えば 10 では $+$，0 では $-$ に振れたとすると $Q/P = 1$ なのでその範囲は $0\,\Omega < R_X < 10\,\Omega$ となる (R_S のダイヤルの最小桁が $\times 10$ であることに注意)。

(5) 測定精度をあげるため Q に $100\,\Omega$ の比例辺抵抗器を付けかえる (P は $1\,\mathrm{k\Omega}$)。R_S を 100 と 0 の間で調節して G の振れが逆転するところを見つける。これを 40 と 50 の間とすれば，$Q/P = 0.1$ なので $4\,\Omega < R_X < 5\,\Omega$ となる。

(6) さらに Q に $10\,\Omega$ ($Q/P = 0.01$) を付けかえ，R_S 値を 400 と 500 の間で調節して G の振れが逆転するところを見つける。これを 440 と 450 の間とすれば，$4.4\,\Omega < R_X < 4.5\,\Omega$ となる。

(7) さらに Q に $1\,\Omega$ ($Q/P = 0.001$) を付けかえ，R_S 値を 4400 と 4500 の間で調節して G の振れが逆転するところを見つける。このようにして R_X の有効桁が最大となるよう Q/P を調整して，G の針の振れが 0 になる R_S の値を探し，平衡条件の式より R_X の値を求める。

各々の抵抗値の精度は，0.05〜0.1 %，全体として 0.2 % 程度である。したがって抵抗の絶対値としては，0.2 % 位しか期待できないが，相対値としては有効数字 4 桁まで得られる。この抵抗の消費電力の許容量は 2 W である。抵抗値が $10\,\Omega$ なら許容電流は $440\,\mathrm{mA}$，$1000\,\Omega$ なら $44\,\mathrm{mA}$ である。許容電流

以上流すことは絶対避けなければならない。普通はその 1/3 以下にして使用する。実際上の測定範囲は 0.1〜10^5 Ω 程度である。

★ 4.1 での実験上の注意

　図 7-2 のスイッチ K_1 は，電池からの電流による抵抗線の温度上昇を極力避けるためにあり，ごく短時間だけ押して用いる。また K_1 を押した時に電流が定常値に達するまでは，G をつなぐ端子間に自己誘導の影響が現れるため，検流計の端子間の瞬間電圧はブリッジの不平衡のみによるものとは限らない。このため別にスイッチ K_2 を設けてある。まず K_1 を押し，その後 (ほとんど瞬間的に電流が定常値に達した後) K_2 を打ち放して直ちに K_1 も放す。実験では，K_1 を閉じている時間は 1〜2 s で行うのがよい。前記の手順の中で，内挿法により最後の桁を求めるときも，振れを正確に読むことばかり気にして，長時間スイッチを押していると温度上昇の影響を受けるので測定結果はむしろ不正確になる。

4.2 　金属 (銅) の抵抗の温度変化の測定

< 実験方法の要約 >
★ 4.2 金属 (銅) の抵抗の温度変化の測定
ヒーターで加熱用水槽をあたためて銅線の抵抗の温度変化を測定していく。

(1) 　容器の中のビーカーに水を適量入れて，試料などが取り付けてあるふたを注意深くのせる。ダイヤル式抵抗測定装置，検流計，電池，試料，加熱用電源を図 7-2 および図 7-3 に示すように結線する。加熱用電源のスイッチは OFF の状態にしておく。

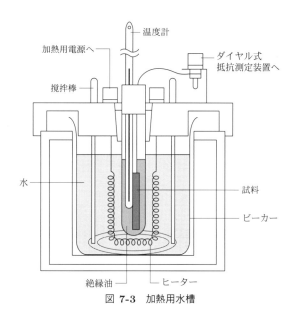

図 7-3　加熱用水槽

(2) 　「4.1 未知抵抗 R_X の求め方」にしたがって，常温 (t°C) の抵抗 $R(t)$ を測定する。

(3) 　常温から 80°C 近くの温度範囲で，約 5°C おきに $R(t)$ を測定する。室温以上は加熱用電源のスライダックを 50 V (赤印) のところまで回し，撹拌棒でゆっくり撹拌しながらヒーターで水を加熱し，測定すべ

き温度になったら，すばやく抵抗を測定する。そして温度については，検流計が振れないようにダイヤル式抵抗測定装置の抵抗を調整し終った時，ただちに温度計の目盛を読んで温度を測定する。

(4)　金属 (銅) の抵抗を測定しながら，グラフ用紙に測定点をプロットする。

★4.2 での実験上の注意

(1) ダイヤル式抵抗測定装置の操作法に十分習熟してから，実験 4.2 (3) を行う。

(2) この加熱用電源をダイヤル式抵抗測定装置に接続してはならない。高価な測定器が直ちに焼損するであろう。再度，配線のチェックをして，加熱昇温にとりかかること。

(3) 測定が終了したら，まず加熱用電源のスイッチを切り，次に試料のリード線をダイヤル式抵抗測定装置からはずす。

5　**結果の整理**

5.1　金属 (銅) の電気抵抗

★ **5.1 での注意**
実測する電気抵抗と，文献値に用いられている電気抵抗率とでは単位が違うことに注意すること。

★最小二乗法による a, b の求め方はヤング率のテーマの表 2-2 (p.48) を参考にすること。

測定した $t\,[°\mathrm{C}]$ における抵抗 $R(t)\,[\Omega]$ を図 7-4 のように図示する。次に実験式を求める。グラフの直線は

$$R(t) = at + b \tag{7-20}$$

で表せるとして，最小二乗法により a および b を求める。この a, b の値を式 (7-20) に代入した実験式から得られる値を図 7-4 のグラフに直線で記入せよ。

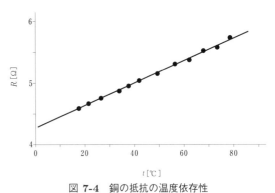

図 **7-4**　銅の抵抗の温度依存性

式 (7-13) を参照して，式 (7-20) の両辺に S/l をかければ，

$$\rho(t) = SR(t)/l = S \cdot (b/l) \cdot \left(\frac{a}{b}t + 1\right) \tag{7-21}$$

式 (7-21) を式 (7-14) と比較すれば

$$\alpha = a/b \tag{7-22}$$

$$\rho(0) = S \cdot b/l \tag{7-23}$$

となり, α, $\rho(0)$ が求まる.

(1) 実験から求めた a, b を用いて, 式 (7-22), (7-23) より温度係数 α, 0 °C における抵抗率 $\rho(0)$ を求めよ. ただし, 測定用試料として実験で用いた銅線の直径 $(1.00 \pm 0.08) \times 10^{-4}$ m および長さ l (2.00 ± 0.02) m の値を用いる.

(2) 理論的に求められる温度係数 α を式 (7-15) によって計算し, 実験的に得られた値と, どの程度一致しているか比較してみよ. また, 参考資料 (p.134 表 2-8) から $\rho(0)$ を調べ, 実験で得られた $\rho(0)$ と標準値の差を検討し, その差の原因を考察せよ.

── 問　題 ──

(1) 金属の電気抵抗の場合, 金属中に含まれる不純物の量を多くしていったとき, 全体の電気抵抗における温度依存しない部分の割合がどう変化するかを議論せよ.

── まとめ ──

(1) 金属の電気抵抗の温度依存性は, 格子振動による電子の散乱確率の温度変化と不純物・格子欠陥による電子の散乱確率の温度変化によって理解できる.

(温度の下降に対して, 電気抵抗は温度に比例して減少する.)

── 基礎知識 ──

- 電気抵抗

  電気抵抗は, 電子の数 (電子密度) と電子の他のものへの衝突 (散乱) の程度 (易動度) により決まる.

- ホイートストンブリッジの平衡条件

  対向する抵抗の積が等しい.

- 金属の伝導電子密度

  温度に依存しない.

8. 電 気 回 路

1　目　　　的

オシロスコープの使い方に加え，電気回路の基本素子である抵抗 (R)，コンデンサー (C) およびコイル (L) の交流に対する動作を理解する。また，RLC 直列交流回路の交流インピーダンスと共振現象を調べる。

2　原　　　理

抵抗 (R)，コンデンサー (C) およびコイル (L) は電気回路を構成している素子のなかで基本となる素子である。特にコンデンサーとコイルを含む電気回路では，直流に対して**過渡的現象**が見られ，交流に対しては**位相の変化**が生じるなど，興味深い振舞いをする。したがって，電気回路を理解するには，これらの素子の直流および交流に対する性質や，3 種の素子を組み合わせた回路の交流に対する種々の特性を知る必要がある。ここでは，RLC 直列交流回路の共振現象を理解するために，交流に対する各素子またはその組み合わせでつくる回路の理論を学ぶ。

オシロスコープは，電気信号のみならず，電気信号に変換できる物理現象などを二次元的に表示できる計測装置である。時間に比例して一定時間だけ増加する電圧を横軸 (X 軸) にくり返し周期的に加え，その周期の整数分の 1 の短い周期で周期的に変化する物理量に比例する信号電圧を縦軸 (Y 軸) に加えることにより，時間的変化の速い物理現象を時間の関数の波形として観測できる。また X 軸，Y 軸にそれぞれ周期的に変化する電圧を加えて，**リサジュー図形**などを描かせることができる。この実験で，オシロスコープの使い方も理解する。

2.1　交流に対する各素子の性質

2.1.1　交流に対する抵抗の性質

図 8-1 のように，抵抗 R[Ω] の抵抗 R の両端に振幅 V_0[V]，角周波数 ω[rad/s] の交流電圧

$$V = V_0 \sin \omega t \tag{8-1}$$

を加えると，抵抗に流れる電流 I[A] は，**オームの法則**より，

$$\begin{aligned}
I &= \frac{V}{R} = \frac{V_0}{R} \sin \omega t \\
&= I_0 \sin \omega t \tag{8-2}
\end{aligned}$$

となり，電圧と電流の位相は一致する (図 8-2)。ただし，ここで，$I_0 = \dfrac{V_0}{R}$ とした。

【学ぶこと】
(1) オシロスコープの使い方を理解する。
(2) 抵抗，コンデンサーおよびコイルの交流特性を理解し，RLC 直列交流回路の共振現象を調べる。

★過渡的現象
過渡的現象とは，スイッチを入れた瞬間や切った瞬間に電圧や電流が時間とともに変化して定常状態に落ち着くまでの現象である。

★実験技術
オシロスコープの使用法
(p.101 を参照)

★キーワード
インピーダンス (pp.98〜99 を参照)
共振 (p.99 を参照)

★オームの法則
R[Ω] の抵抗の両端に電圧 V[V] を加えたとき，抵抗に流れる電流 I[A] は
$I = V/R$
で与えられる。
これをオームの法則という。

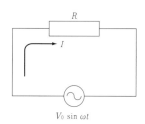

図 8-1 抵抗のみの交流回路

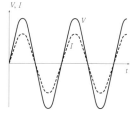

図 8-2 抵抗のみの交流回路における電圧 V と
電流 I の時間変化 (位相の関係)

2.1.2 交流に対するコンデンサーの性質

電気容量が C[F] のコンデンサー C に蓄えられる電荷を Q [C] とすると，図 8-3 の回路に流れる電流 I は，

$$
\begin{aligned}
I &= \frac{\mathrm{d}Q}{\mathrm{d}t} = C\frac{\mathrm{d}V}{\mathrm{d}t} = \omega C V_0 \cos \omega t \\
&= I_0 \sin\left(\omega t + \frac{\pi}{2}\right)
\end{aligned}
\tag{8-3}
$$

となる。ただし，ここで，$I_0 = \omega C V_0$ とした。上式を式 (8-1) と比較すると，電流は電圧より位相が $\pi/2$ だけ進むことが分かる。この様子を図 8-4 に示す。また，交流に対する実質的な抵抗 (容量リアクタンス) z_C [Ω] は，

$$
z_\mathrm{C} = \frac{V_0}{I_0} = \frac{1}{\omega C} = \frac{1}{2\pi f C}
\tag{8-4}
$$

で与えられる。ここで，周波数 $f = \omega/2\pi$ である。

★リアクタンス
コイル，コンデンサーは交流に対して抵抗に似た働きをする。これらにかかる実効電圧とそこを流れる実効電流の間に存在する比例定数をリアクタンスといい，電圧/電流の比で与えられる。(式 (8-4), (8-8) 参照)

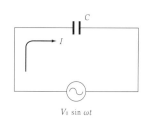

図 8-3 コンデンサーのみの交流回路

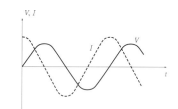

図 8-4 コンデンサーのみの交流回路における
電圧 V と電流 I の時間変化 (位相の関係)

2.1.3 交流に対するコイルの性質

図 8-5 のような自己インダクタンス L [H] のコイルの交流回路では，

$$
V = V_\mathrm{L} = L\frac{\mathrm{d}I}{\mathrm{d}t}
\tag{8-5}
$$

より，

$$
\frac{\mathrm{d}I}{\mathrm{d}t} = \frac{V}{L} = \frac{V_0}{L}\sin \omega t
\tag{8-6}
$$

が得られる。したがって，両辺を積分して，

$$
\begin{aligned}
I &= -\frac{V_0}{\omega L}\cos \omega t \\
&= I_0 \sin\left(\omega t - \frac{\pi}{2}\right)
\end{aligned}
\tag{8-7}
$$

となるから，図 8-6 に示すように電流は電圧より $\pi/2$ だけ位相が遅れることが分かる。ただし，ここで，$I_0 = \dfrac{V_0}{\omega L}$ とした。また，コイルの交流に対する実質的な抵抗 (**誘導リアクタンス**) $z_{\mathrm{L}}\,[\Omega]$ は，

$$z_{\mathrm{L}} = \frac{V_0}{I_0} = \omega L = 2\pi f L \tag{8-8}$$

となる。

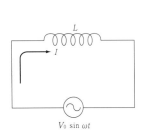

図 **8-5** コイルのみの交流回路

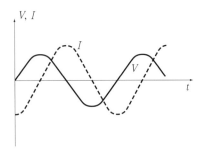

図 **8-6** コイルのみの交流回路における電圧 V と電流 I の時間変化 (位相の関係)

★式 (8-9) から式 (8-11) の変形で，三角関数の次の和の公式を用いる。
$\sin(A+B) = \sin A \cos B + \cos A \sin B.$

★**複素数表示**
交流は三角関数で表せるので，下記のように複素関数を使って表すと便利である。
$V = R I_0 \sin \omega t$
$\qquad + z_{\mathrm{L}} I_0 \sin\left(\omega t + \frac{\pi}{2}\right)$
$\qquad + z_{\mathrm{C}} I_0 \sin\left(\omega t - \frac{\pi}{2}\right)$
$= \mathrm{Im}\left(\left(R + z_{\mathrm{L}} e^{i\pi/2}\right.\right.$
$\qquad \left.\left. + z_{\mathrm{C}} e^{-i\pi/2}\right) I_0 e^{i\omega t}\right)$
$= V_0 \sin\left(\omega t + \varphi\right)$
$= \mathrm{Im}\left(V_0 e^{i\omega t} e^{i\varphi}\right)$
と書くことができる。これより，
$V_0 e^{i\varphi} = \left(R + z_{\mathrm{L}} e^{i\pi/2}\right.$
$\qquad \left. + z_{\mathrm{C}} e^{-i\pi/2}\right) I_0$
$\qquad = \{R + i(z_{\mathrm{L}} - z_{\mathrm{C}})\} I_0$
となる。ここで，
$R + i(z_{\mathrm{L}} - z_{\mathrm{C}})$
をインピーダンスといい，複素平面で表すと図 8-8 と同じ図となる。
また上式より，
$V_0 \cos(\varphi) = R I_0,$
$V_0 \sin(\varphi) = (z_{\mathrm{L}} - z_{\mathrm{C}}) I_0$
となる。これより，式 (8-12) も求まる。これらのことは，「交流回路理論」で学ぶ。

2.2 RLC 直列交流回路

図 8-7 の RLC 直列交流回路の場合は，2.1 の交流に対する各端子の性質から，

$$
\begin{aligned}
V &= V_{\mathrm{R}} + V_{\mathrm{L}} + V_{\mathrm{C}} \\
&= R I_0 \sin \omega t + z_{\mathrm{L}} I_0 \sin\left(\omega t + \frac{\pi}{2}\right) \\
&\quad + z_{\mathrm{C}} I_0 \sin\left(\omega t - \frac{\pi}{2}\right)
\end{aligned}
\tag{8-9}
$$

で与えられることが分かる。
ただし，

$$
\begin{aligned}
z_{\mathrm{C}} &= \frac{1}{\omega C} \\
z_{\mathrm{L}} &= \omega L
\end{aligned}
\tag{8-10}
$$

である。

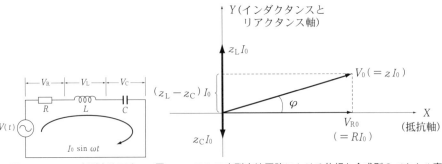

図 **8-7** RLC 直列交流回路   図 **8-8** RLC 直列交流回路における位相と合成則のベクトル表示

上式を整理すると，

$$V = V_0 \sin\left(\omega t + \varphi\right) \tag{8-11}$$

となる。ただし，ここで $V_0 = zI_0$ とし z と φ は，

$$z = \sqrt{R^2 + \left(\omega L - \frac{1}{\omega C}\right)^2} \tag{8-12}$$

$$\tan\varphi = \frac{\omega L - \dfrac{1}{\omega C}}{R} \tag{8-13}$$

である。式 (8-11)，(8-12)，(8-13) より位相の相互関係をベクトル図で示すと図 8-8 のようになる。一方，回路電流 I の振幅 I_0 と V_R の振幅 V_{R_0} は式 (8-11) より，

$$I_0 = \frac{V_0}{z} = \frac{V_0}{\sqrt{R^2 + \left(\omega L - \frac{1}{\omega C}\right)^2}} \tag{8-14}$$

$$V_{R_0} = RI_0 = \frac{RV_0}{\sqrt{R^2 + \left(\omega L - \frac{1}{\omega C}\right)^2}} \tag{8-15}$$

となる。

式 (8-12)〜(8-15) より，

$$\omega L - \frac{1}{\omega C} = 0 \tag{8-16}$$

すなわち

$$\omega = \omega_0 = \frac{1}{\sqrt{LC}} \tag{8-17}$$

あるいは，周波数 $f[\text{Hz}]$ が，

$$f_0 = \frac{\omega_0}{2\pi} = \frac{1}{2\pi\sqrt{LC}} \tag{8-18}$$

のとき，回路のインピーダンス z は最小となり，I_0 と V_{R_0} は最大 (極大) の値となる。

式 (8-15) を使って，抵抗両端電圧の振幅 V_{R_0} の周波数特性の例を図 8-9 に図示した。この特性は抵抗 R，自己インダクタンス L，コンデンサー容量 C の値にも依存するので，

$$\omega_0 L/R = 1/(\omega_0 RC) = D \tag{8-19}$$

が 1 および 2 となる 2 つの場合を示している。なお，D は**回路定数**と呼ばれ，これは後で定義する **Q 値**と一致する。

I_0 と V_{R_0} は角周波数 ω が ω_0 のとき極大となるので，これは共振現象の一種で，これを直列共振という。この共振曲線のピークが鋭いほど，共振の程度が大きい。そこで，この共振の程度を表すパラメーター Q 値を次式で定義する。

$$Q = \frac{\omega_0}{\Delta\omega} = \frac{\omega_0}{\omega_2 - \omega_1} = \frac{f_0}{f_2 - f_1} \tag{8-20}$$

★共　振
振動体にその固有振動数と等しい振動を外部から加えたとき，非常に大きい振幅で振動する現象。共振の特性を表す無次元量としての Q 値は，値が大きいほど狭い振動数の帯域で共振する。

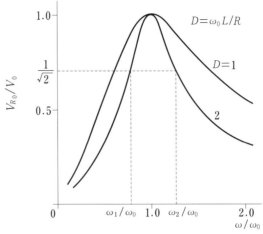

図 8-9 　電圧振幅 V_{R_0} の周波数特性

ここで，ω_0 は共振の角周波数で，$\Delta\omega$ は共振ピークの幅，ω_1，ω_2 は V_{R_0} が極大値 (ピーク値) の $1/\sqrt{2}$ のときの ω の値とする。また，f_0，f_1，f_2 はそれぞれ ω_0，ω_1，ω_2 に対する周波数である。Q は計算によって，

$$Q = \frac{\omega_0 L}{R} \tag{8-21}$$

で与えられることが証明できる。

図 8-10 は位相のずれ φ の周波数特性を式 (8-13) より描いたものである。なお，共振を起こしているとき，特に R が小さい場合は回路電流が非常に大きくなることがあるので，事前に実験原理を十分理解した上で，実験をすることが必要である。

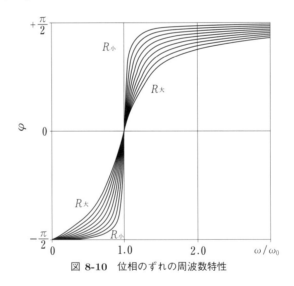

図 8-10 　位相のずれの周波数特性

③ 　装置および器具

RLC 直列回路ボード ($R = 500\,\Omega$，$L = 100\,\mathrm{mH}$，$C = 0.050\,\mu\mathrm{F}$)，電源 (矩形波および正弦波の発信器)，オシロスコープ

4 方 法

4.1 オシロスコープの基本操作 (Y–t 表示法)

図 8-11 にオシロスコープの正面パネルを，図 8-12 にオシロスコープの画面の表示例を示す。機能ごとに四角の枠で囲い，それぞれに記号 **A:**, **B:**, **C:**, $\cdots$, **H:**, 番号①, ②, ③, $\cdots$, ⑦を付けている。以下の説明では，個々のボタンやつまみ類の名称だけでなく，ボタンやつまみ類のある枠の記号や番号も必要に応じて付けておくので，ボタンやつまみ類を探すときに参考にすること。以下に「Tektronix TBS1022 型デジタルオシロスコープ」の基本操作を説明するが，詳しい説明が必要なときは，本機器の「取扱説明書」の基本操作の説明を参考にすること。

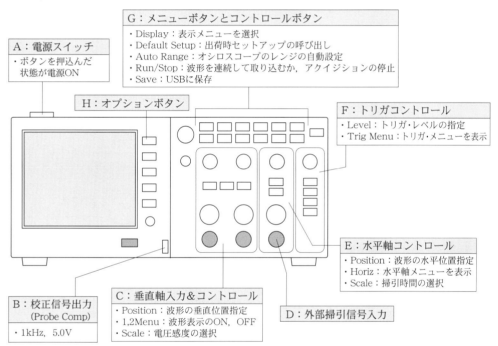

図 8-11　Tektronix TBS1022 型デジタルオシロスコープの正面パネル

4.1.1 校正信号波形 (矩形波) の観測

オシロスコープには校正用の基準波形を出力できる端子がある。物理学実験で使用するオシロスコープの **B:**校正信号出力 (Probe Comp) 端子は，5 V，1 kHz の矩形波を出力できるので，以下，この信号を利用して，オシロスコープの使用方法を学ぶ。

(1)　本体の **A:**電源スイッチが OFF であること (ボタンが押し込まれていない状態) を確認し，電源コードの電源プラグを AC コンセントに差し込む。

(2)　プローブの BNC コネクターをオシロスコープの **C:**CH1 入力端子 (1) に接続し，プローブの他端のプローブフックとワニ口クリップを **B:**Probe Comp 端子 (上の端子にプローブフック，下の端子にワニ口

クリップ) に接続する。プローブの減衰比は ×10 である。プローブ
の減衰比スイッチ (橙色) が ×1 に設定されている場合は ×10 に変更
する。

(3) オシロスコープの **A:**電源スイッチを ON にする。30 s 程度待つとオシ
ロスコープの画面に波形 (矩形波) を表示するので，**G:**Default Setup
ボタンを押す。

(4) さらに，**G:**Auto Range ボタンを押すと数秒以内に図 8-12 のような
矩形波，文字，数字，記号を表示した画面が現れる。矩形波が表示さ
れなかったときは，実験指導員に連絡する。画面の簡単な説明につい
ては同図に示す。

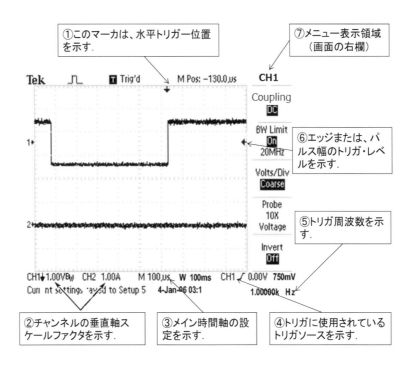

図 **8-12** オシロスコープの画面の表示例

4.1.2 ボタンやつまみ類の機能を学ぶ

矩形波が画面に表示できた状態で，さらにボタンやつまみ類を動かして，こ
れらの機能を学ぶ。

(1) **C：**CH1 ボタン (1：黄色) を押すと画面上の⑦メニュー表示領域 (画
面の右欄) の表示が CH1 に関係したものになることを確認せよ。も
う一度そのボタンを押すと画面上の矩形波が消え (Ground 状態)，さ
らにもう一度そのボタンを押すと元に戻ることを確認する。画面上の
⑦メニュー表示領域の表示が CH1 に関係したものになっている状態
で**H：**オプションボタンを順番に押して，これらのボタンの機能を理
解せよ。

　　　　●Coupling (DC，AC，Ground) の DC は入力が直流結合，AC は

入力が交流結合，Ground (GND) は入力が接地電位であること
を示す。ここでは DC を選択する。

- Volts/Div (Coarse, Fine) は **C:**垂直軸コントロールの Scale つ
  まみに関係していて，Coarse を選択すると **C：**Scale を回して
  電圧感度 (Volt/Div) を飛び飛びに変えることができ，Fine を選
  択すると Volts/Div を連続的に変えることができる。

(2) **C：**Position (CH1) つまみ，**E：**Position つまみを回すと，波形は上
下，左右 (水平) 方向へ移動することを確かめる。

(3) **C：**Scale (CH1) つまみを回すと，電圧感度が変わり，波形の高さ (大
きさ) が変化することを確かめる。そして，その時の電圧感度は画面
の左下に表示される。

(4) **E：**Scale つまみを回すと掃引時間が変わり，波形の水平方向が拡大・
縮小することを確かめる。そして，その時の掃引時間は画面の中央下
に表示される。

(5) 画面に適当な大きさの矩形波 (1〜2 周期分) を表示させ，その波形を
グラフ用紙に写し取り，矩形波の周波数 f_r (周期 T_r) と電圧 V_r を求
める。

(6) オシロスコープの **C:**CH1 入力端子に接続していた BNC コネクター
を取り外して **C：**CH2 入力端子 (2) に接続する (プローブフックとワ
ニ口クリップはそのまま **B：**Probe Comp 端子に接続しておく)。

(7) **F：**トリガーコントロールの Trig Menu ボタンを押し，**H：**オプショ
ンボタンの Source ボタンを押して CH2 を選んだ後，**C：**CH2 ボタン
(**2：**青色) を押すと青色の矩形波が表示される。ここで，**G：**Auto
Range ボタンを押すと青色のきれいな矩形波を表示する。すなわち
CH1 でも CH2 でも同じように波形を観測することができる。したがっ
て，同時に同期がとれるような 2 つの信号を CH1 と CH2 に入力すれ
ば，2 つの信号波形を同時に観測することができる。

4.2 RLC 直列交流回路のインピーダンスと共振現象

抵抗 R，コイル L およびコンデンサー C から成る RLC 直列交流回路にお
ける各端子電圧の波形を測定して，インピーダンスの位相変化を調べるとと
もに，回路に起こる直列共振現象を観察する。

(1) 発信器の⑥波形 (WAVE FORM) の選択は正弦波 (〜) に，②出力減
衰器 (ATTENUATOR(dB)) −30 〜 −20，振幅調整 (AMPLITUDE)
は中央に設定する。

(2) 発信器の出力周波数を①周波数ダイヤルおよび⑦周波数レンジ (FREQ
RENGE) により 500 Hz (50 ×10 Hz) に設定する。

(3) 図 8-14 の RLC 直列交流回路 ($R = 500\,\Omega$, $L = 100\,\mathrm{mH}$, $C = 0.050\,\mu\mathrm{F}$)

<実験方法の要約>
**★ 4.2 RLC 直列交流回路
のインピーダンスと直列共
振現象**
RLC 直列交流回路に発信器
より正弦波を加え，各端子
電圧の波形を観測する。正
弦波の周波数を変えて測定
し，抵抗端子間の電圧振幅，
位相のずれを測定し直列共
振現象を調べる。

の電源端子 SS に発信器の③出力端子を接続する。これで，内部の配線により，アースレベルの端子 T3 に対して端子 T1 より正弦波の交流が入ることになる。

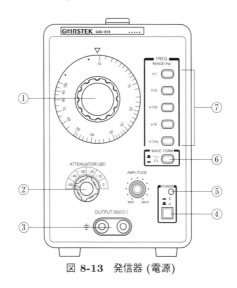

図 8-13 発信器 (電源)

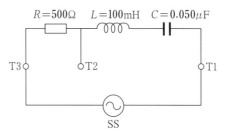

図 8-14 実験で使用する RLC 直列交流回路

(4) オシロスコープの CH1 および CH2 の入力端子に接続したプローブの他端の − プローブ端子 (黒色) を T3 に接続する。

(5) CH1 の＋プローブ端子を端子 T1 に接続する。

(6) 発信器の④電源スイッチとオシロスコープの **A**：電源スイッチを入れる。波形を表示しないときは，**G**：Default Setup ボタンを押した後，引き続き **G**：Auto Range を押す。

(7) 数秒後にオシロスコープの画面に正弦波などが表示されるので，この表示を見ながら以下のように調整する。

  ● 電圧感度は 2 V，掃引時間は 500 μs，表示方式は Y–t，トリガーレベルは 中央，トリガー信号源は CH1，掃引方式 (Trig Menu) は Mode を AUTO にする。

  ● 正弦波が表示されると，**C**：垂直位置調整 (Position)，**E**：水平位置調整 (Position)，**E**：Scale，発信器の出力を調整して，適当な正弦波を表示し，正弦波の振幅は ±6 V にする。

(8) CH2 の＋プローブ端子を回路ボードの端子 T2 に接続すると，抵抗 R

の両端電圧 V_R (CH2) および発信器の出力電圧 V (CH1) の波形が同時に表示される。波形の高さは **C：** Scale で調整する。ちなみに，V_R は回路を流れる電流に比例しているので，これらの 2 つの波形は，回路に加えられた電圧 V と回路を流れる電流の関係を示している。

(9) オシロスコープの画面上の V と V_R の振幅，周期および時間差を正確に読み取り，電圧波形をグラフ用紙にスケッチする。この際，**C：** 垂直位置調整 (Position) を使って CH1 と CH2 のオシロスコープ上の波形表示のグランドレベルを一致させておくと，周期および時間差 (符号を含めて) を正確に読むことができる。

(10) 発信器の出力周波数を①周波数ダイヤルおよび⑦周波数レンジ (FREQ RANGE) により 500 Hz から 5 kHz 程度まで 500 Hz 程度の間隔 (おおまかな傾向をつかむ) で段階的に変えながら，オシロスコープの画面上の V と V_R の振幅，周期および時間差 (符合も含めて) を正確に読みとり，周波数ごとにその数値を記録する。(周波数を変化させると V の振幅が変わる場合は，発信器の出力を調整して V の振幅を一定 (±6 V) に保ちながら測定したほうがよい)。その際，周波数に応じて適当な掃引時間を **E：** Scale つまみで設定する。次に，1.7〜2.7 kHz では 100 Hz の間隔で同様の測定をする。V_R が極大をとる 2.2 kHz 付近のものについて，V と V_R の電圧波形を 1 つだけスケッチすること。

(11) 周波数が 2.2 kHz の付近で直列共振状態になり V_R の電圧振幅 V_{R_0} が極大 (共振) になるので，この近辺は，細かく周波数を変えて測定する。共振のときに，位相のずれが 0 になることを確認する。その際，共振周波数の上下で V と V_R の位相差が逆転することに注目する。

(12) 発信器の④電源スイッチとオシロスコープの **A：** 電源スイッチを OFF にして，この測定を終了する。

5　結果の整理

5.1　RLC 直列交流回路のインピーダンスと共振現象

(1) 周波数が 2.2 kHz のときの交流電源電圧 V と抵抗端子電圧 V_R の波形をできるだけ正確にグラフ用紙にスケッチする。

(2) 周波数を 500 Hz から 5 kHz 程度まで，段階的に変えて測定した各電圧波形 (V および V_R) の振幅，そしてその比 $\dfrac{V_{R_0}}{V_0}$，さらに位相のずれを周波数ごとに表にする。なお，位相のずれは周期と時間差から算出する。ただし，位相のずれは抵抗端子電圧 V_R の位相 (回路を流れる電流の位相と同期) を基準とせよ。

(3) (2) で作成した表より，V_R に対する V の位相のずれ (すなわち，電流に対する電圧の位相変化) φ の周波数特性を，図 8-10 にならってグラフにする。また式 (8-12) および式 (8-13) を用いて位相のずれ φ の周波数特性を計算し，実測値と標準値の差を検討し，その差の原因を考察せよ。

(4) (2) で作成した表より，抵抗端子電圧 V_{R_0} の周波数特性グラフ (図 8-15) をつくり，共振周波数 f_0 と式 (8-20) より Q 値を求めよ。このとき，V の振幅が一定でないときは縦軸に V_{R_0}/V_0 をとる。また，式 (8-18)，(8-21) より f_0 ならびに Q を計算し，これらの実験値と標準値の差を検討し，その差の原因を考察せよ。

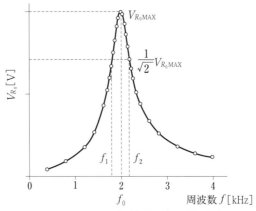

図 8-15　RLC 直列交流回路の共振曲線

--- 問　題 ---

(1) 自然界では，RLC 直列交流回路以外でも多くの共振現象が起こっている。具体的事例について調べてみよう。

--- まとめ ---

(1) RLC 直列交流回路の交流インピーダンスについて学んだ。

(2) RLC 直列交流回路の V_R の振幅，V_R の V に対する位相のずれの周波数依存を観測し，共振現象について学んだ。

(3) オシロスコープの $Y\text{--}t$ 表示法は，周期的に時間変化する信号電圧の時間変化を静止した波形として観測する方法である。この方法により，信号電圧の電圧，波形，周波数 (周期) を求めることができる。

─── 基礎知識 ───

- **オームの法則**

  電気回路の抵抗に流れる電流 I とその両端の電位差 V を関係づける法則であり，$R = V/I$ が電気抵抗である。

- **キルヒホッフの法則**

  「電気回路の任意の分岐点において，そこに流れ込む電流の和はそこから流れ出る電流の和に等しい」とする第 1 法則と，「電気回路の任意の 1 回りの閉じた経路に置いて，電位差の総和は 0 である」とする第 2 法則がある。

- **インピーダンス**

  電気回路において電流の流れにくさを表す物理量で，コンデンサーやコイルを含む電気回路では複素数で表せる。

- **周波数特性**

  電気回路や機械振動系に周期的に変動する入力を加えたとき，その系に起こる応答は，一般に周波数に依存する。これを周波数特性といい，入力の周波数を変えて応答 (出力) の振幅や位相を測定することにより周波数特性を求めることができる。

- **共振**

  振動体にその固有振動数と等しい振動を外部から加えたとき，非常に大きい振幅で振動する現象。

- **RLC 直列交流回路のインピーダンス**

  RLC 直列交流回路のインピーダンスは，電気抵抗，容量リアクタンスおよび誘導リアクタンスのベクトル和である。

- **RLC 直列交流回路の共振現象**

  RLC 直列交流回路において，交流電源の周波数を大きくしていくと，容量リアクタンスと誘導リアクタンスの大きさが同じになる周波数があり，そこで共振が起こる。

- **Q 値**

  共振の特性を表す無次元量で，その値が大きいほど狭い振動数帯域で共振する。

- **オシロスコープの利用**

  周期的に時間変化する電圧波形を静止した状態で観測できるので，その波形の周期，位相，振幅を測定することができる。

  一般的な二現象オシロスコープを用いると，入力信号と応答信号をオシロスコープで同時に表示することができるので，入力信号に対する応答信号の関係を調べることができる。

9. 等 電 位 線

① 目　　的

二次元的な導体に定常電流を流したときの等電位線を求めることにより，二次元静電場の様子を理解する。

【学ぶこと】
(1) 等電位線を求めることにより，二次元静電場ならびに電気力線を理解する。
(2) ガウスの定理 (ガウスの法則) にしたがう電荷密度および電束密度の関係を理解する。

② 原　　理

静電荷によって空間につくられる電場 E (クーロン電場) は，電極の形やその配置の対称性がよい場合を除いて，解析的に解くことはきわめて困難である。そこで，もしそのような電場の様子を実験的に求めることができれば，電場を理解する上で大いに役立つであろう。しかし，一般的に静電場の電場分布を直接測定することは，技術的にかなり難しい。そこで，実際には**定常電流場**における電流分布の測定結果に基づいて，クーロン電場分布を知る方法がしばしばとられる。これは，**電気伝導度**σ が一定の定常電流場における電場分布が，**誘電率** ε が一定のクーロン電場の電場分布に完全に対応しており，また導体に定常電流を流したときの等電位面が比較的簡単に測定できることに起因する。

定常電流場とクーロン電場との対応は，数学的には**電流密度** i と**電束密度** D が次のように同じ形の**ガウス**(Gauss) **の定理**にしたがうことによる。

★電気伝導度
電気伝導度とは電気伝導率と同意であり，電気の通りやすさを示す指標である。電気抵抗率の逆数で与えられ，単位は $[\Omega^{-1}\mathrm{m}^{-1}]$ である。

★ガウスの法則
静電荷によって作られた電場が存在する空間の任意の閉曲面を貫く電気力線の総本数は，その閉曲面内の電荷の総和を誘電率で割ったものに等しい。この関係を示す式 (9-1) を特に「ガウスの法則」という。

★電束密度
電気力線に垂直な平面の単位面積あたりの電気力線の本数。

$$\int_S \boldsymbol{D} \cdot \mathrm{d}\boldsymbol{S} = Q, \qquad \boldsymbol{D} = \varepsilon \boldsymbol{E} \tag{9-1}$$

$$\int_S \boldsymbol{i} \cdot \mathrm{d}\boldsymbol{S} = I, \qquad \boldsymbol{i} = \sigma \boldsymbol{E} \tag{9-2}$$

ここで Q は閉曲面 S 内の電極に与えられた真電荷の総和であり，I は S に含まれる電極から流れ出す電流の総和を表す。閉曲面 S の中に電極を含まない場合は式 (9-1)，(9-2) においてそれぞれ $Q = 0$，$I = 0$ とおけばよい。これらの式から分かるようにクーロン電場と定常電流場との間には表 9-1 のような**対応関係**が存在する。

表 9-1　クーロン電場と定常電流場との対応関係

クーロン電場	定常電流場
電束密度 D	電流密度 i
静電場 E	静電場 E
誘電率 ε	電気伝導度 σ
電荷 Q	電流 I

電極間につくられるクーロン電場 E あるいは電流密度 i は，各々，上式と次の**境界条件**

(1)　導体の表面近くでは，E または i はその表面に垂直である。

(2)　E と i は無限遠では 0 となる。

を与えることによって完全に決まる。しかし有限で複雑な境界をもつような導体では E あるいは i を計算によって求めるのは，コンピュータを使えば不可能ではないが，大変な労力や時間を要する。それよりも以下のような実験的な方法を使う方がはるかに容易である。

　本実験では，二次元的な導体に定常電流を流したときの静電場の様子を調べることにする。図 9-1 のように，四角い薄膜導体の電極 A，B 間に適当な電圧 $V = V_\mathrm{B} - V_\mathrm{A}$ をかけると面内に図 9-2 のような電位分布が生じる。図のように，検流計 G の端子 X，Y を薄膜に接触させると，点 X，Y 間に電位差があれば G の指針が振れる。この場合には，G を介して X，Y 間に余分の電流が流れるので面内の電流分布が変化するが，X，Y の電位が等しくて G に電流が流れなければ面内の電流分布は G および X，Y の端子がない場合と同じになる。そこで端子 X を固定しておいて，端子 Y の位置をいろいろ変えて，G が振れない点を次々と求めていくと，平面上に 1 本の**等電位線**を描くことができる。X の位置を変えることにより，図 9-2 のような多数の等電位線が得られる。一方，電場 E は

$$E = -\mathrm{grad}\phi \tag{9-3}$$

と表せる。したがって任意の点の電場 E (電束密度 D) は，その点を通る等電位面 (線) に垂直である。したがって，測定した等電位線から**電気力線**の様子が求められる。

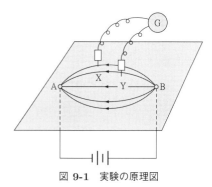

図 9-1　実験の原理図

図 9-2　等電位線

③ 装置および器具

　測定台，検流計，分流器，直流電源，すべり抵抗器，直流電流計，スズ箔など

④ 方　　　法

4.1　検流計の臨界制動抵抗

　この実験で使用する検流計は可動コイル形で，コイルを燐青銅の細い線で吊ってある。コイルは吊線を軸として回転するが，そのときコイル内に誘導起電力を生じる。したがって検流計に分流器をつないでおくと，回路に電流

★減衰振動
質点などが1直線に沿って
振動するとき，質点などを
その直線上の原点に引き戻
す復元力のほかに，質点な
どの運動を妨げる抵抗力も
働くと，振動の振幅は時間
の経過とともに指数関数的
に減少する。このような振
動を減衰振動という。

★過減衰
減衰振動現象において，抵
抗力が大きすぎるときなど，
原点に戻るまで長時間を必
要とする現象 (状態)。

★臨界減衰
振動系が周期運動をするか
非周期運動をするかの境界
の減衰現象 (状態)。

★ 4.1 での実験上の注意
検流計のプローブを電極に
接触させてはならない。1回
の不注意で検流計が破損し
てしまうことがある。

が流れてローレンツ力がコイルに作用し，コイルの回転を妨げようとする。
分流器の抵抗を変えることにより，指針の振動の減衰の度合いを調整できる。
図 9-3 のように，分流器をつないだ検流計 G に内部抵抗 r の被測定系から電
流が流れているとする。指針の振れ角 θ が時間的に変化する様子を見ると図
9-4 のようになる。検流計から見た外部回路の抵抗を R とする。R が大きい
と①のように周期的に減衰 (**減衰振動**) し，小さいと②のように非周期的に減
衰 (**過減衰**) する。コイルの振動が③のように最も速やかに減衰 (**臨界減衰**) す
るときの R の値 R_c をその検流計の臨界制動抵抗という。図 9-3 の回路の場
合 R_c の値は次式のようになる。

$$R_c = \frac{R_1 (R_2 + r)}{R_1 + R_2 + r} \tag{9-4}$$

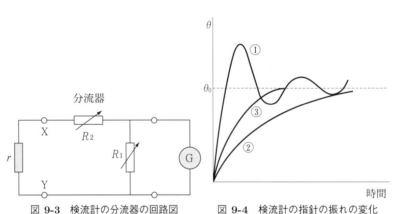

図 9-3 検流計の分流器の回路図   **図 9-4** 検流計の指針の振れの変化

    検流計を使う実験では，R_c の値を知れば検流計の指針が最も速やかに減衰
するので能率よく測定することができる。次のようにして R_c を求める。

(1)   スズ箔を測定台のアクリル板の上におき，四隅をセロハンテープで固
       定する。次にスズ箔を両電極のネジで取り付けられるぐらいの穴を前
       もってスズ箔にあける。そして，その穴の上にワッシャー (直径約 3 cm)
       をおき，ネジをワッシャーに通しスズ箔をワッシャーでしめつける。

(2)   直流電源のスイッチを入れないで，検流計のプローブ XY をスズ箔か
       ら離した状態で図 9-5 のような配線をする。R はすべり抵抗器，I は
       直流電流計，G は検流計である。すべり抵抗器の端子の接続に注意す
       ること。

(3)   R の抵抗値を最大にして，直流電源のスイッチを入れる。R の抵抗値
       が小さすぎると直流電源のヒューズが切れるので，すべり抵抗器の端
       子の接続や抵抗値の大小に注意すること。

(4)   直流電源の電圧を 4〜6 V に設定し，R の抵抗値を減らして電流が 2 A
       になるようにする。

(5)   検流計の「コイルどめ」をはずしてコイルを解放して使用できる状態
       にする。

(6)   分流器の抵抗 R_1, R_2 の抵抗値を最大にして，プローブ X，Y を A，
       B 間の箔面に接しながら少しずつ遠ざけ，検流計が最大に振れるプ

ローブの位置を見つける。その際に箔面を傷付けないように注意すること。

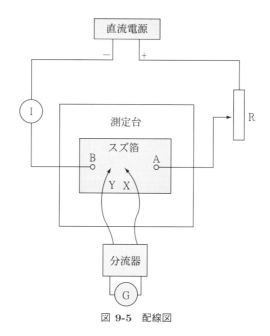

図 9-5　配線図

(7)　プローブを (6) の位置に設定したまま，指針が目盛の最大値程度になるよう R_2 を小さくする。その後 R_2 を固定したまま，プローブを箔面から離して，G の指針の運動を観察する。このとき，図 9-3 において G の指針の振れに影響するのは R_1 のみであるので，R_1 の値を変えながら指針の運動の様子が図 9-4 (この場合 $\theta_0 = 0$) のように周期的減衰から非周期的減衰の境の臨界減衰になるときの R_1 の値を見つければ，この値が G の臨界制動抵抗 R_c である。

　実際の測定時には，回路全体の抵抗をこの R_c と一致させる必要がある。そのような R_1 と R_2 の選び方は無数にあるが，X，Y 間の抵抗 r は R_1，R_2 に比べ無視できるほど小さいので，式 (9-4) において $r \ll R_1, R_2$ とみなせることを利用し，$R_1 = R_2 = 2R_c$ と設定すれば検流計 G から見た外部回路の抵抗を R_c とすることができる。

4.2　二次元定常電流場の等電位線

(1)　配線および直流電源の電圧，電流設定は 4.1 と同じ状態で使用する。

(2)　検流計の分流器の抵抗値を $\underline{R_1 = R_2 = 2R_c \text{ に設定}}$ する。

(3)　1 本の等電位線の求め方は，プローブの一方 (Y) をスズ箔の 1 点に固定し，他方のプローブ (X) を Y から次第に遠ざけながら G の振れが 0 になる点を次々に探して，プローブの先を箔に押しつけて印を付ける。これらの点をつないだ曲線が固定点 Y を通る 1 本の等電位線である。

(4)　スズ箔の端や電極のまわりの等電位線の様子に注意しながら 10 本程

度の等電位線を図 9-2 のように求める。その際，<u>各等電位線間の電位差が一定になるようにする</u>。例えば，隣合う等電位線間の検流計の指針の振れが n 目盛 ($n = 1$ あるいは 2) になるようにして電位差を一定にする。

4.3　等電位線間の電位差の計算

等電位線間の電位差を求める。隣合う等電位線間での検流計の指針の振れが n 目盛としたときの電位差を ΔV とする。検流計の指針を 1 目盛振れさせる電圧差 S_v を**電圧感度**，そのとき検流計に流れる電流 S_i を**電流感度**という。これらの値と**内部抵抗** r_G および測定の際に設定した臨界制動抵抗値 R_c を用いると電位差 ΔV は，

$$\Delta V = nS_v = nS_i \left(R_c + r_G \right) \tag{9-5}$$

となる。

5　結果の整理

(1)　実験で求めた検流計の臨界制動抵抗 R_c を，検流計のネームプレートに記入されている値と比較せよ。

(2)　実験で求めたスズ箔の等電位線をトレーシング紙に複写する。そのときスズ箔の縁や電極の位置や大きさなども正確に記入すること。

(3)　等電位線と電気力線の関係 (等電位線と電気力線は垂直に交わる，という関係) を用いて，等電位線を描いたトレーシング紙に電気力線をそれぞれ 10 本程度破線で描く。等電位線の場合と同様に電極のまわりやスズ箔の端での電気力線の振舞いに注意して記入すること。

(4)　式 (9-5) より等電位線間の電位差 ΔV を求める。S_i, r_G は使用した検流計のネームプレートに記入してある値を用いよ。

問　題
---

(1)　無限に長い 2 本の直線上に正，負の電荷が分布していて，この直線に垂直な平面上の等電位線と電気力線の様子を調べ，本実験の結果と比較せよ。

(2)　マクスウェル方程式の 1 つである $\mathrm{div} \boldsymbol{D} = \rho$ は，ガウスの法則を示している。物理的意味ならびに数式が意味していることを調べよ。

---- まとめ ----

(1) 検流計を用いて，スズ箔に定常電流を流したときの等電位線を求めた。

(2) 二次元的な導体に定常電流を流したときの等電位線および電気力線の様子を学んだ。

(3) 検流計を使う実験で臨界減衰という現象の応用例を学んだ。

---- 基礎知識 ----

- **ガウスの定理**

  ある閉曲面についてのベクトル A の面積分は，ベクトル A の発散 $(\mathrm{div} A)$ のその閉曲面内の体積積分に等しい。体積 (三次元) 積分を面 (二次元) 積分に変換する数学公式。

- **ガウスの法則**

  ガウスの定理のベクトル A が電場ベクトル E の場合に成立する法則である (p.108 の側注を参照)。

- **電場と電気力線の関係 (図 9-6 を参照)**

  (i) 電場の方向は，電気力線の接線方向である。

  (ii) 電場の向きは，電気力線の向きと等しい。

  (iii) 電場の大きさは，電気力線に垂直な断面 (等電位面) を通り抜ける電気力線の面積密度に等しい。

- **等電位線 (面)**

  電場のベクトルは等電位線 (面) に垂直となる。

- **静電場**

  時間変化しない電場のこと。

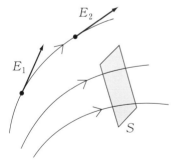

図 9-6　電場 E と等電位面 S の関係

10. 放 射 線

【キーワード】
放射線
放射能
放射性物質
放射性同位元素

★放射線
α 線はヘリウムの原子核，β 線は電子，γ 線は波長のきわめて短い電磁波である。

★放射性同位元素 (RI)
天然に存在するだけでなく，人工的にも作られて広い分野で有効利用されているが，その取り扱いを誤ると大変危険であるので，我国では「原子力基本法」,「放射性同位元素等による放射線障害の防止に関する法律」などにより使用や取り扱いが厳しく規制されている。

★放射線測定器
(1) 放射線による物質の電離作用を利用する測定器 (電離箱，GM 計数管，比例計数管，霧箱，半導体検出器など)
(2) 放射線による励起，分子の解離などの結果生じるシンチレーション光を利用する測定器 (シンチレーション検出器)，熱ルミネッセンスを利用する測定器 (TLD)
(3) 放射線の写真作用を利用する測定器 (写真フィルム，乾板) に大別される。

1 目   的

代表的な放射線測定器であるガイガー・ミュラー計数管 (**GM 計数管**) を使用して，(1) β 線の磁界による偏向，(2) γ 線の物質による吸収，(3) γ 線の放射線強度の距離依存性，の測定を行い，放射能および放射線について理解を深める。

2 原   理

2.1 放射線，放射能，放射性同位元素

19 世紀末にベックレル (Becquerel) やキュリー (Curie) 夫妻は，ある種の物質から目に見えない放射線が出ているのを発見した。**放射線**には α 線，β 線，γ 線などがある。このような放射線は，原子核が他の原子核に変化 (壊変) するときに放出され，1 秒間当たりの原子核壊変数を**放射能**(単位はベクレル：**Bq**)，放射線を放出する物質を**放射性物質**，放射線を放出する元素を**放射性同位元素**(**RI**：Radio Isotope) という。

2.2 放射線の測定

放射線の測定の目的は，放射線の存在の有無，存在しているとすればその種類 (α 線，β 線，γ 線，中性子線など)，エネルギー，量，さらにその放射線源の強さ，放射能を知ることにある。放射線は我々の五感によって直接感知できないので，放射線と物質の相互作用を利用して検知可能なものにしなければならない。**放射線測定器**としてよく用いられているのが **GM 計数管**である。

2.3 GM 計数管

2.3.1 構造と動作原理

β 線 (γ 線) を検出・測定する簡便な装置として **GM 計数管**(**GM 管**) がある。その基本的な構造は，図 10-1 に示すように，金属円筒を陰極，その中心軸に沿って張った細い導線 (中心線) を陽極とした放電管である。管内にはアルゴンのような不活性ガスと無水アルコールなど多原子分子有機物が約 10：1

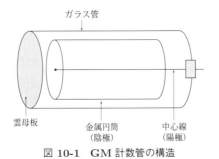

ガラス管

雲母板　　　金属円筒　　中心線
　　　　　 (陰極)　　 (陽極)

図 10-1 GM 計数管の構造

の割合で 100 mmHg (約 1.33×10^4 Pa) 程度の圧力で封入され，β 線が通過できる薄い雲母板でできた窓をもつガラス管で全体が包まれている。図 10-2 に示すように，中心線と円筒に適当な高電圧を加え，中心線をコンデンサーを通して増幅回路に接続する。放射線，例えば β 線 (電子) が管内に入ると管内のガス分子を次々に電離する。この電離によって生じた電子は中心線 (陽極) に向かって強く加速されるので，これらの電子もまた管内のガス分子に衝突して電離する。この電離で生じた電子もまた同じようにガス分子に衝突して電離する。このような現象を**電子雪崩現象**という。このような過程が短い時間内にくり返される結果，1 個の β 線 (電子) が **GM** 管内に入ると瞬時に多数の電子が中心線になだれこむ。すなわち，電流が陽極から陰極に流れる。この電流が図 10-2 の抵抗 R を通るので，この瞬間だけ中心線の電圧が下がる。この負のパルス電圧を電子回路で増幅してパルスの数を計測すれば，これが **GM** 管を通った β 粒子の数になる。

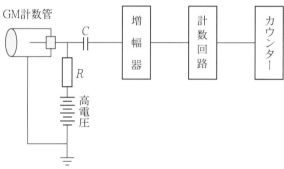

図 10-2　GM 計数管測定回路ブロック図

2.3.2　プラトー特性

GM 管を計数装置に接続し，**GM** 管に加える電圧 (印加電圧) を変えながら，一定の位置に置いた β 線源から放射される β 線の計数率を測定すると図 10-3 のようなグラフが得られる。計数率は，通常は 1 分間当たりの計数，**cpm** (count per minute) 単位で表せる。

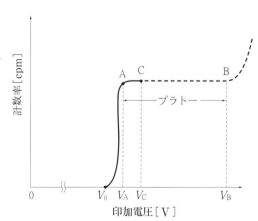

図 10-3　GM 管のプラトー特性

★放射性崩壊の法則

放射性同位元素の崩壊は，まったくランダムに起こる現象だから確率の法則に支配される。**GM** 管の印加電圧その他の条件がまったく一定であっても，放射線の計数率は測定するたびに異なった値になる。放射性同位元素の核が N 個あるとすると，$\mathrm{d}t$ 時間に崩壊して減少する平均の原子数 $-\mathrm{d}N$ は N と $\mathrm{d}t$ の積に比例するので，

$$-\mathrm{d}N = \lambda N \mathrm{d}t$$

となる。ここで，比例定数 λ は**崩壊定数**と呼ばれ，λ の逆数を**平均寿命**(mean life time) という。上式を積分し，$t = 0$ における原子数を N_0 とすると，ある時刻 t に残存する原子数は，

$$N = N_0 \exp(-\lambda t)$$

となる。原子数が半分になるまでの時間 T を**半減期**(half life time) と呼び，$T = (\ln 2)/\lambda$ で与えられる。このとき上式は

$$N = N_0 (1/2)^{t/T}$$

と表すことができる。

印加電圧が小さいときには β 線が **GM** 管内に入ってきても電子雪崩現象が起こらないので計数率は 0 であるが，印加電圧が大きくなると電子雪崩現象が発生して計数率が大きくなる。図 10-3 において，V_0 を始動電圧，V_A を開始電圧と呼び，計数率がほぼ一定な A-B の領域をプラトー(水平領域) と呼ぶ。電圧が V_B を 超えると計数率は急激に増し，**GM** 管は連続放電を起こして壊れてしまうので注意が必要である。通常，作動電圧 V_C は開始電圧 V_A より 40〜60 V くらい高い電圧に設定する。このように作動電圧を設定して測定すれば，印加電圧が少し変動しても計数率はその影響を受けない。

一般に，**GM** 管は全計数とともに劣化するので，プラトーの長さや傾斜もその製作年月日，使用履歴で異なる。したがって，通常は測定前に必ずプラトー特性を測定する必要があるが，物理学実験の時間が限られているので，以下の実験ではプラトーは測定せず，指定された電圧にセットし，それを作動電圧とする。

2.4 自然放射線

放射線測定器は，測定すべき放射線源がない場合でも，いくらかの指示や記録を示すのが普通であり，これをバックグラウンドと称している。バックグラウンドの大部分は**自然放射線**によるものである。自然放射線は，宇宙線や天然放射性物質などによるもので，検出器の外部からだけでなく，検出器構成材料の天然放射能に起因することも多い。弱い放射線や小さな放射能を精密に測定するためには，この自然放射線の影響をできるだけ取り除く必要がある。そのために，測定器の周囲を鉛のような放射線を通しにくい材料で囲み，バックグラウンドを長時間測定してその結果を用いて計測値を補正するなどの方法が採られている。

3　装置および器具

GM 計数装置 (スケーラー)，GM 計数管 (GM 管)，測定台 (可動式試料台および GM 管を装着済み)，β 線源 (^{90}Sr：半減期 28.8 年)，γ 線源 (^{60}Co：半減期 5.27 年)，永久磁石 (コリメート鉛板付)，鉛板 (厚さ 5, 10, 20 mm が各 1 枚)，コリメート鉛板など

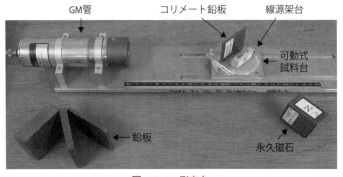

図 **10-4**　測定台

④ 方　　法

　以下の 4.1〜4.5 の実験を行い，実験結果をまとめる。4.2, 4.3, 4.4 の実験では，測定結果を表にまとめながら同時にグラフを描くことが望ましい。測定しながらグラフを描けば次の測定値を予測することができるので，測定した結果が間違っていた時に気付くことができる。また，測定が終わった時点でグラフもでき上がっているので実験を早く終えることができる。

4.1　測定の準備と GM 計数装置 (スケーラー) の作動電圧の設定

　GM 計測装置(以下，スケーラーという) の正面パネルを図 10-5 に示す。スケーラーは，GM 管に加える可変の直流高圧電源，GM 管からの信号パルスの増幅器，テスト用パルス発生器，パルス計数器，計数表示器，タイマーを1つにまとめたもので，測定台に取り付けた GM 管に同軸ケーブルで接続されている。

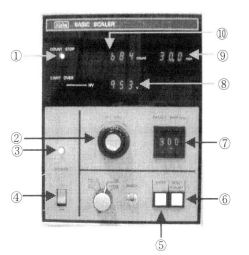

① COUNT STOP ランプ
② HV ADJ 電圧調整器
③ POWER ランプ
④ POWER ON-OFF スイッチ
⑤ STOP スイッチ
⑥ RESET-COUNT スイッチ
⑦ PRESET TIME スイッチ
⑧ 電圧表示器
⑨ 計時表示器
⑩ 計数表示器

＜ 実験上の注意 ＞
使用している β 線源，γ 線源の放射能は弱いので人体に特に害は与えないが，取り扱いには注意を要する。各線源は，実験開始時に担当教員から借り出し，実験終了後は必ず担当教員に返却すること。また，線源の中心部には触らないこと。

図 10-5　GM 計測装置 (スケーラー) 正面パネル

(1) β 線源 (^{90}Sr) を右端 (約 30 cm の位置) に置いた可動式試料台 (以下，試料台という) へセットする。回転台の角度は 0° に設定する。この時，β 線の出てくる面 (10 mm 径のくぼみのある面，この面には触らないこと) が GM 管に向くようにセットすること。

(2) コリメート鉛板を線源の前の所定の位置にセットする。

(3) スケーラーの④の POWER ON-OFF が OFF になっていることを確認して，スケーラーの電源コードを電源コンセントにつなぐ。

(4) ⑦の PRESET TIME スイッチの凸部を押して計測時間を 1 分 (1.0 min.) にセットする。

(5) ②の HV ADJ 電圧調整器の内側のつまみは，GM 管に加える電圧 (印加電圧) を調整するためのもので，外側のつまみは内側のつまみを固定する (ロックするため) ためのものである。内側のつまみが左にいっぱいに

回っていることを確認後，④の POWER ON-OFF を ON にして，③の
POWER ランプが点灯することを確認する。

≪**参考**≫ ⑥の RESET-COUNT スイッチを押すと測定を開始し，⑦の PRE-
SET TIME スイッチで設定した計測時間の間計測し，計測時間が経過すると
測定をストップして①の COUNT STOP ランプが点灯する。しかし，(4) の
状態でスケーラーの⑥の RESET-COUNT スイッチを押してもパルスをカウ
ントしない。⑥を押して，このことを確認してみよ。試料台の β 線源 (^{90}Sr)
から出ている β 線は GM 管に入っているはずなのにパルスは発生しない。パ
ルスを発生させるには適当な電圧 (**作動電圧**) を GM 管に加える必要がある
が，まだ電圧を加えていないためである。

(6) ⑧の電圧表示器に表示される電圧を見ながら，②の HV ADJ の内側のつ
まみをゆっくり右に回して電圧を 900 V にする。

(7) その後，⑥の RESET-COUNT スイッチを押して計測できる状態にし (そ
の後も必要に応じて⑥を押す)，⑩の計数表示器を見ながら 900 V から電
圧をゆっくり増加させ，パルスをカウントし始めることを確認し，さら
に電圧を増加させて**指定されている電圧 (電圧表示器の側に表示している
電圧)** にセットする。以下では，この電圧を作動電圧として計測する。作
動電圧にセットした後，②の HV ADJ 電圧調整器の外側のつまみを右に
回して Lock し，内側のつまみが回らないようにしておく。

(8) ⑥の RESET-COUNT スイッチを押して 1 分間の計測を 3 度繰り返し，
それぞれの計数を記録する。計数は一定にならずばらついているが，ば
らつきがそのカウント数の平方根 (ルート) の範囲に収まることを確認す
る。すなわち，計数率を n としたとき，$\pm\sqrt{n}$ の誤差内で計数率が一定値
となることを確認する。

4.2　β 線の磁界による偏向

(1) スケーラーが正常に作動する状態 (4.1 で設定した作動電圧になっている
こと) を確認する。

(2) ⑦の PRESET TIME スイッチで計測時間を 1 分 (1.0 min.) にセットする。
(実際には，4.1 で計測時間をすでにセットしているので，そのままの状態
で良い。)

(3) β 線源 (^{90}Sr) を試料台へセットする。このとき，β 線の出てくる面が GM
管に向くようにセットすること。(実際には，4.1 で β 線源をすでにセッ
トしているので，そのままの状態で良い。)

(4) コリメート鉛板を線源の前の所定の位置にセットする。(実際には，4.1 で
コリメート鉛板をすでにセットしているので，そのままの状態で良い。)

(5) 試料台を右端 (約 30 cm の位置) に置き，角度が 0° のときの計数率を測定する。

(6) 試料台を (上から見て) 右回りに 2.5°(1 目盛) おきに回転させて 20° まで，それぞれの角度で計数率を測定する。同じように，左回りに回転させて計数率を測定する。ただし，角度は，右回りを ＋，左回りを − とする。

≪注意≫　試料台を回転させるとき，試料台の左右の位置がずれないように，すなわち，GM 管と線源の距離が一定に保たれるように，試料台を回転させること。

(7) 次に，永久磁石 (コリメート鉛板付) を線源の前の所定の位置にセットし，(5)，(6) と同じ測定を行う。このとき，磁界の向き (永久磁石の N 極と S 極のどちらが上か) を記録しておくこと。

(8) 測定値は表 10-1 のようにまとめるとともに，図 10-6 のようなグラフを描く。

表 10-1　β 線の磁界による偏向

回転角度 [°]	計数率 [cpm] (磁石なし)	計数率 [cpm] (磁石あり：__極が上)
−20		
−17.5		
⋮		
0		
⋮		
20		

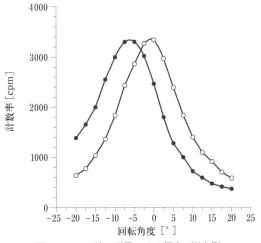

図 10-6　β 線の磁界による偏向 (測定例)

★ γ 線は，物質中を通過するとき，光電効果，コンプトン効果，電子対生成の 3 つの相互作用により減衰し，その強度は弱くなる。厚さ x の物質中を通過した γ 線の強度 I は，入射する γ 線の強度が I_0 のとき，$I = I_0 \exp(-\mu x)$ と表すことができ，γ 線の強度は指数関数的に減少する。ただし，ここで μ は線減衰係数と呼ばれ，物質や γ 線のエネルギーなどによって異なる値を示す。

4.3　γ 線の物質による吸収

(1) スケーラーが正常に作動する状態 (4.1 で設定した作動電圧になっている状態) であることを確認する。

(2) ⑦の PRESET TIME スイッチで計測時間を 1 分 (1.0 min.) にセットする。(実際には，4.1 あるいは 4.2 で計測時間をすでにセットしているので，そのままの状態で良い。)

(3) γ 線源 (^{60}Co) を試料台へセットする。回転台の角度は 0° に設定する。このとき，γ 線の出てくる面 (くぼみのある面) が GM 管に向くようにセットすること (コリメート鉛板は使用しない)。

(4) 試料台を中間点 (約 15 cm の位置) に置き，線源の前に鉛板を置かないときの計数率を測定する。

(5) 線源の直前にいろいろな厚さの鉛板を置き，そのときの計数率を測定する。この際，鉛板はできるだけ直立するように置くこと。鉛板は板厚が 5, 10, 20 mm の 3 種類が各 1 枚ずつあるので，これらを適当に重ねて 5 mm ずつ厚さを増やし，35 mm の厚さまで測定する。

(6) 測定値は表 10-2 のようにまとめるとともに，図 10-7 のような片対数グラフを描く。ただし，正味計数率は，測定で求めた計数率から自然放射線によるバックグランド計数率 30 cpm を引いたものである。バックグラウンド計数率は実測することが望ましいが，実測には時間がかかるので，ここでは実験室の平均的なバックグラウンド計数率 30 cpm を用いて補正する。すなわち，

$$(正味計数率) = (計数率) － 30 \tag{10-1}$$

である。

表 10-2　γ 線の物質による吸収

鉛 板 厚 [mm]	計 数 率 [cpm]	正味計数率 [cpm]
0		
5		
⋮		
35		

4.4　放射線強度の距離依存性

(1) 「4.3　γ 線の物質による吸収」の実験の手順 (1)〜(3) と同じことを行う。

(2) 試料台の位置 (GM 管からの距離) を少しずつ変えて，それぞれの位置での計数率を測定する。測定台に張り付けてある物差し (スケール) の目盛は，GM 管から γ 線源までの距離を示す。この距離を 14, 15, 16, 18, 20, 22, 25, 30 cm に変えて測定すること。

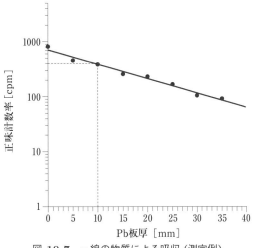

図 **10-7** γ線の物質による吸収 (測定例)

(3) 測定値は表 10-3 のようにまとめるとともに，図 10-8 のようなグラフを
描く。ただし，正味計数率は，測定で求めた計数率から自然放射線による
バックグランド計数率 30 cpm を引いたものである。

表 **10-3** 放射線強度の距離依存性

距 離 [cm]	距離の逆 2 乗 [cm^{-2}]	計数率 [cpm]	正味計数率 [cpm]
14			
15			
⋮			
30			

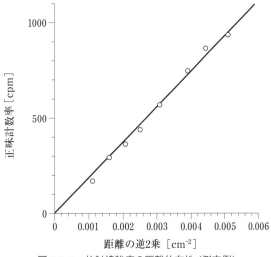

図 **10-8** 放射線強度の距離依存性 (測定例)

4.5　測定の終了手順

(1) ②の HV ADJ 電圧調整器の外側のつまみを左に回して Lock を解除し，内側のつまみをゆっくり左に回す。⑧の電圧表示器がほぼ 0 になったことを確認して，④の POWER ON-OFF を OFF にする。

(2) 電源コードを電源コンセントからはずす。

5　結果の整理

5.1　β 線の磁界による偏向

回転角度と計数率の関係を表 10-1 のようにまとめるとともに，縦軸が計数率，横軸が角度の図 10-6 のようなグラフを描く。磁界がないときには直進していた負電荷をもつ β 線 (電子) が，永久磁石で作られた磁界から力 (ローレンツ力) を受けて偏向する様子がこのグラフから理解できる。

電荷 q，速度 v で運動する荷電粒子が磁束密度 B の磁界から受けるローレンツ力 F は $F = q[v \times B]$ である。β 線に対して働くローレンツ力の向きを図示し，その図を用いて実験結果を説明せよ。

5.2　γ 線の物質による吸収

鉛板厚と計数率の関係を表 10-2 のようにまとめるとともに，正味計数率を縦軸に，鉛板厚を横軸にした図 10-7 のような片対数グラフを描く。得られたグラフから，正味計数率は鉛板の厚さが大きくなるにつれて指数関数的に減少することが分かる。γ 線が物質に吸収されて半分が透過するときの吸収板の厚さを**半価層**という。測定値を基に描いたグラフから鉛の半価層を求め，その値を標準値と比較せよ。予習時に標準値を調べておくこと。また，標準値を引用した文献名をレポートに記載すること。

5.3　放射線の強度の距離依存性

距離と計数率の関係を表 10-3 のようにまとめるとともに，正味計数率を縦軸に，距離の逆 2 乗を横軸にした図 10-8 のようなグラフを描く。得られたグラフを見ると，正味計数率は距離の逆 2 乗にほぼ比例していることが分かる。正味計数率が距離の逆 2 乗にほぼ比例する理由を説明せよ。また，完全に比例しない理由を説明せよ。

―――――― 問　題 ――――――

(1)　放射線の計測に使用されるシンチレーション検出器，半導体検出器の動作原理と用途について調べよ。

(2)　放射線を計測する場合，作動電圧 V_C を，開始電圧 V_A より，40〜60 V くらい高い電圧に設定しているが，なぜか？

(3)　p.118 の方法 4.1 の (8) で記述されている $\pm\sqrt{n}$ はどこから来ているか？　(ヒント：ポアソン分布について調べよ。)

───── 基礎知識 ─────

- γ 線と X 線

  一般に,γ 線のエネルギーは X 線のエネルギーよりも大きいが,X 線よりエネルギーの小さい γ 線もある。これらは,エネルギーの大小によってではなく,発生源 (原子核あるいは内殻電子) により区別される。

- 放射線検出器

  放射線によりガスをイオン化させて測定する検出器 (GM 管),固体中で放射線により励起された電子の数とエネルギーを測定する検出器 (固体検出器) などがよく使われる。放射線のエネルギーを調べるには,固体検出器が適している。

〈参考文献〉

(1) 日本アイソトープ協会編 「ラジオアイソトープ基礎から取扱まで (改訂 2 版)」(丸善, 1990)

(2) (財) 日本原子力文化振興財団編「高校生のための放射線実習セミナー」テキスト (Isotope News, 2006 年 12 月号)

第III部　参　考　資　料

1. 単　　位[1)]

1.1　国際単位系

[数値]+[単位] を組み合わせて物理量を定量的に示すことができる。そして，異なる物理量にはそれぞれ固有の単位が付与されているが，それぞれの物理量は全く独立ではなく，物理量間に関係式が存在する場合は，それに応じて単位も関係してくる。現在は，1960 年の国際度量衡総会 (CGPM) で採択され，その後，数回の改訂を経た国際単位系 (SI : Système International d'Unités) が用いられている。国際単位系は，メートル法の後継として国際的に定められた単位であり，SI 基本単位と SI 基本単位を組み合わせて作られた SI 組立単位で構成されている。さらに使用頻度が高い物理量には，固有の名称と記号が付与されている。

1.2　SI 基本単位

国際単位系の SI 基本単位を表 1-1 に示す。

表 1-1　SI 基本単位

物理量	名　称	記　号	定　義
時　間	秒	s	セシウム 133 原子の基底状態の 2 つの超微細構造準位間の遷移に対応する放射の周期の 9 192 631 770 倍の継続時間。
長　さ	メートル	m	1 秒の 299 792 458 分の 1 の時間に光が真空中を伝わる行程の長さ。
質　量	キログラム	kg	プランク定数 h を正確に 6.626 070 15 × 10^{-34} Js と定めることによって設定される。
電　流	アンペア	A	電気素量 e の 1/1.602 176 634×10^{-19} 倍の電荷が流れることに相当する電流。
熱力学温度	ケルビン	K	1.380 649×10^{-23} J の熱エネルギーの変化に等しい。
物質量	モル	mol	正確に 6.022 140 76×10^{23} の要素粒子を含む物質量。
光　度	カンデラ	cd	周波数 540 ×10^{12} Hz で，放射強度が 1/683 ワット毎ステラジアンである光源の，その方向における光度。

---

1)　第 III 部 参考資料は国立天文台編「理科年表 2020」(丸善，2019) のデータなどを基にして，作成した。

1.3　SI 組立単位

国際単位系の SI 基本単位を組み合わせて表す SI 組立単位を表 1-2 に示す。

表 1-2　SI 組立単位

物理量	名　称	記　号
面　積	平方メートル	$\mathrm{m^2}$
体　積	立方メートル	$\mathrm{m^3}$
速さ，速度	メートル毎秒	$\mathrm{m\ s^{-1}}$
加速度	メートル毎秒毎秒	$\mathrm{m\ s^{-2}}$
波　数	毎メートル	$\mathrm{m^{-1}}$
密度，質量密度	キログラム毎立方メートル	$\mathrm{kg\ m^{-3}}$
面密度	キログラム毎平方メートル	$\mathrm{kg\ m^{-2}}$
比体積	立方メートル毎キログラム	$\mathrm{m^3\ kg^{-1}}$
電流密度	アンペア毎平方メートル	$\mathrm{A\ m^{-2}}$
磁界の強さ	アンペア毎メートル	$\mathrm{A\ m^{-1}}$
量濃度，濃度	モル毎立方メートル	$\mathrm{mol\ m^{-3}}$
質量濃度	キログラム毎立方メートル	$\mathrm{kg\ m^{-3}}$
輝　度	カンデラ毎平方メートル	$\mathrm{cd\ m^{-2}}$

組立単位には，固有の名称をもつものもあり，固有の名称と記号で表せる SI 組立単位を表 1-3 に示す。

表 1-3　固有の名称と記号で表せる SI 組立単位

物理量	名　称	記　号	基本単位を用いた表し方	他の基本単位を用いた表し方
平面角	ラジアン	rad	m/m	
立体角	ステラジアン	sr	m^2/m^2	
周波数	ヘルツ	Hz	s^{-1}	
力	ニュートン	N	$kg\ m\ s^{-2}$	
圧力，応力	パスカル	Pa	$kg\ m^{-1}\ s^{-2}$	
エネルギー，仕事，熱量	ジュール	J	$kg\ m^2\ s^{-2}$	N m
仕事率，工率，放射束	ワット	W	$kg\ m^2\ s^{-3}$	J/s
電荷，電気量	クーロン	C	$A\ s$	
電位差 (電圧)，起電力	ボルト	V	$kg\ m^2\ s^{-3}\ A^{-1}$	W/A
電気容量	ファラド	F	$kg^{-1}\ m^{-2}\ s^4\ A^2$	C/V
電気抵抗	オーム	Ω	$kg\ m^2\ s^{-3}\ A^{-2}$	V/A
コンダクタンス	ジーメンス	S	$kg^{-1}\ m^{-2}\ s^3\ A^2$	A/V
磁　束	ウェーバ	Wb	$kg\ m^2\ s^{-2}\ A^{-1}$	V s
磁束密度	テスラ	T	$kg\ s^{-2}\ A^{-1}$	Wb/m^2
インダクタンス	ヘンリー	H	$kg\ m^2\ s^{-2}\ A^{-2}$	Wb/A
セルシウス温度	セルシウス度	°C	K	
光　束	ルーメン	lm	$cd\ sr$	cd sr
照　度	ルクス	lx	$cd\ sr\ m^{-2}$	lm/m^2
放射性核種の放射能	ベクレル	Bq	s^{-1}	
吸収線量，カーマ	グレイ	Gy	$m^2\ s^{-2}$	J/kg
線量当量	シーベルト	Sv	$m^2\ s^{-2}$	J/kg
酵素活性	カタール	kat	$mol\ s^{-1}$	

1.4 SI 接頭辞

SI 接頭辞とは，国際単位系 (SI) で単位の十進の倍量・分量を作成するために，SI 単位の前に付けられる接頭辞である。SI 接頭辞を表 1-4 に示す。

表 1-4 SI 接頭辞

乗 数	接頭辞		乗 数	接頭辞	
10^{24}	ヨタ	Y	10^{-1}	デシ	d
10^{21}	ゼタ	Z	10^{-2}	センチ	c
10^{18}	エクサ	E	10^{-3}	ミリ	m
10^{15}	ペタ	P	10^{-6}	マイクロ	μ
10^{12}	テラ	T	10^{-9}	ナノ	n
10^{9}	ギガ	G	10^{-12}	ピコ	p
10^{6}	メガ	M	10^{-15}	フェムト	f
10^{3}	キロ	k	10^{-18}	アト	a
10^{2}	ヘクト	h	10^{-21}	ゼプト	z
10^{1}	デカ	da	10^{-24}	ヨクト	y

2. 諸 定 数 表

2.1 基礎物理定数

基礎物理定数とは，値が変化しない物理量であり，万有引力定数，プランク定数などがある。表 2-1〜2-4 に代表的な定数を示す。これらの数値は科学技術データ委員会 (CODATA) が推奨する値であり，2018 CODATA 推奨値として発表された。表の値の列における括弧内の数値は標準不確かさを示す。例えば，$6.67430(15) \times 10^{-11}$ は $(6.67430 \pm 0.00015) \times 10^{-11}$ という意味である。

表 2-1　普遍定数

物理量	記号	数値	単位
万有引力定数	G	$6.674\ 30(15) \times 10^{-11}$	$\mathrm{m^3\ kg^{-1}\ s^{-2}}$
プランク定数	h	$6.626\ 070\ 15 \times 10^{-34}$	$\mathrm{J\ s}$
	$\hbar = \frac{h}{2\pi}$	$1.054\ 571\ 817 \cdots \times 10^{-34}$	$\mathrm{J\ s}$
真空の光速	c, c_0	$2.997\ 924\ 58 \times 10^8$	$\mathrm{m\ s^{-1}}$
真空の誘電率	$\varepsilon_0 = \frac{1}{\mu_0 c^2}$	$8.854\ 187\ 8128(13) \times 10^{-12}$	$\mathrm{F\ m^{-1}}$
真空の透磁率	μ_0	$1.256\ 637\ 062\ 12(19) \times 10^{-6}$	$\mathrm{N\ A^{-2}}$

表 2-2　電磁気定数

物理量	記号	数値	単位
ボーア磁子	$\mu_\mathrm{B} = \frac{e\hbar}{2m_e}$	$9.274\ 010\ 0783(28) \times 10^{-24}$	$\mathrm{J\ T^{-1}}$
コンダクタンス量子	$G_0 = \frac{2e^2}{h}$	$7.748\ 091\ 729 \cdots \times 10^{-5}$	S
電気素量	e	$1.602\ 176\ 634 \times 10^{-19}$	C
ジョセフソン定数	$K_\mathrm{J} = \frac{2e}{h}$	$4.835\ 978\ 484 \cdots \times 10^{14}$	$\mathrm{Hz\ V^{-1}}$
磁束量子	$\Phi_0 = \frac{h}{2e}$	$2.067\ 833\ 848 \cdots \times 10^{-15}$	Wb
核磁子	$\mu_\mathrm{N} = \frac{e\hbar}{2m_\mathrm{p}}$	$5.050\ 783\ 7461(15) \times 10^{-27}$	$\mathrm{J\ T^{-1}}$
フォン・クリッツィング定数	$R_\mathrm{K} = \frac{h}{e^2}$	$2.581\ 280\ 745 \cdots \times 10^4$	Ω

表 2-3　原子・核物理定数

物理量	記号	数値	単位
ボーア半径	$a_0 = \frac{\alpha}{4\pi R_\infty}$	$5.291\ 772\ 109\ 03(80) \times 10^{-11}$	m
電子の質量	m_e	$9.109\ 383\ 7015(28) \times 10^{-31}$	kg
微細構造定数	$\alpha = \frac{e^2}{4\pi \epsilon_0 \hbar c}$	$7.297\ 352\ 5693(11) \times 10^{-3}$	
ハートリーエネルギー	$E_\mathrm{h} = \frac{e^2}{4\pi e_0 a_0}$	$4.359\ 744\ 722\ 2071(85) \times 10^{-18}$	J
中性子の質量	m_n	$1.674\ 927\ 498\ 04(95) \times 10^{-27}$	kg
陽子の質量	m_p	$1.672\ 621\ 923\ 69(51) \times 10^{-27}$	kg
リュードベリ定数	$R_\infty = \frac{\alpha^2 m_e c}{2h}$	$1.097\ 373\ 156\ 8160(21) \times 10^7$	$\mathrm{m^{-1}}$
循環量子	$\frac{h}{2m_\mathrm{e}}$	$3.636\ 947\ 5516(11) \times 10^{-4}$	$\mathrm{m^2\ s^{-1}}$

表 2-4　物理化学定数

物理量	記号	数　値	単　位
原子質量定数	$m_u = 1u$	$1.660\ 539\ 066\ 60(50) \times 10^{-27}$	kg
アボガドロ定数	N_A	$6.022\ 140\ 76 \times 10^{23}$	mol^{-1}
ボルツマン定数	k_B	$1.380\ 649 \times 10^{-23}$	$J\ K^{-1}$
ファラデー定数	$F = N_A e$	$9.648\ 533\ 212\cdots \times 10^4$	$C\ mol^{-1}$
モル気体定数	$R = N_A k_B$	$8.314\ 462\ 618\cdots$	$J\ mol^{-1}\ K^{-1}$
モルプランク定数	$N_A h$	$3.990\ 312\ 712\cdots \times 10^{-10}$	$J\ Hz^{-1}\ mol^{-1}$
ステファン・ボルツマン定数	σ	$5.670\ 374\ 419\cdots \times 10^{-8}$	$W\ m^{-2}\ K^{-4}$

2.2　弾性に関する定数

表 2-5　各物質のヤング率 (20 °C)

物　質	ヤング率 [Pa]
亜　鉛	10.84×10^{10}
アルミニウム	7.03×10^{10}
ガラス	8.01×10^{10}
金	7.80×10^{10}
銀	8.27×10^{10}
黄銅 (真鍮)	10.06×10^{10}
スズ	4.99×10^{10}
ステンレス	21.53×10^{10}
チタン	11.57×10^{10}
鋳　鉄	15.23×10^{10}
銅	12.98×10^{10}
鉛	1.61×10^{10}

2.3 物質の比熱

代表的な物質のモル質量とそれらの定圧比熱を表 2-6 に示す。

表 2-6 定圧比熱

物　質	モル質量 [g mol^{-1}]	c_p[J K^{-1} g^{-1}]		c_p[J K^{-1} mol^{-1}]	
		298.15 K	400 K	298.15 K	400 K
アルミニウム (Al)	26.98	0.901	0.949	24.3	25.6
金 (Au)	196.97	0.129	0.131	25.4	25.8
銀 (Ag)	107.87	0.236	0.240	25.5	25.9
ケイ素 (Si)	28.09	0.712	0.787	20.0	22.1
ダイヤモンド (C)	12.01	0.508	0.849	6.1	10.2
黒鉛 (グラファイト：C)	12.01	0.708	0.991	8.5	11.9
銅 (Cu)	63.546	0.386	0.398	24.5	25.3
鉄 (Fe)	55.845	0.448	0.491	25.0	27.4
鉛 (Pb)	207.2	0.129	0.133	26.8	27.5
白　金 (Pt)	195.08	0.137	0.135	26.8	26.3
エチルアルコール (C$_2$H$_5$OH)	46.07	2.418	1.908	111.4	87.9
水	18.015	4.18	4.22 (100 °C)	75.3	76.0 (100 °C)

2.4 国際温度目盛

国際温度目盛とは，国際度量衡委員会の決議に基づいて定められた温度目盛であり，平衡水素の三重点，水の三重点などの定義定点があり，定点以外の温度は所定の公式によって求められる。国際温度目盛の 17 の定義定点のうち，代表的なものを表 2-7 に示す。

表 2-7 国際温度目盛の定義定点

定義定点	温　度	
	T[K]	t[°C]
平衡水素の三重点	13.8033	−259.3467
酸素の三重点	54.3584	−218.7916
水の三重点	273.16	0.01
銀の凝固点	1234.93	961.78
金の凝固点	1337.33	1064.18
銅の凝固点	1357.77	1084.62

2.5 金属の電気抵抗

電気抵抗とは，電流の流れにくさのことであり，電気抵抗率 (体積抵抗率)$\rho[\Omega\ \text{m}]$，長さ $l[\text{m}]$，断面積 $S[\text{m}^2]$ の物体の電気抵抗 $R[\Omega]$ は $R = \rho\frac{l}{S}$ で与えられる。金属の体積抵抗率を表 2-8 に示す。

表 2-8 各金属の体積抵抗率

金 属	体積抵抗率 [$\times 10^{-8}\Omega$ m]			
	-195 °C	0 °C	100 °C	300 °C
亜 鉛	1.1	5.5	7.8	13.0
アルミニウム	0.21	2.50	3.55	5.9
カドミウム	1.6	6.8	9.8	-
金	0.5	2.05	2.88	4.63
銀	0.3	1.47	2.08	3.34
黄銅 (真鍮)	-	6.3	-	-
水 銀	5.8	94.1	103.5	128
ス ズ	2.1	11.5	15.8	50
純 鉄	0.7	8.9	14.7	31.5
銅	0.2	1.55	2.23	3.6
鉛	4.7	19.2	27	50
ニッケル	0.55	6.2	10.3	22.5
マグネシウム	0.62	3.94	5.6	10.0
リチウム	1.04	8.55	12.4	30

2.6 各地の重力加速度

表 2-9 日本各地の重力実測値

地 名	緯 度	経 度	高 さ	重力加速度
札 幌	43° 04' 20"	141° 20' 30"	15.21 m	9.804 7754 m/s^2
仙 台	38° 15' 05"	140° 50' 41"	127.39 m	9.800 6580 m/s^2
名古屋	35° 09' 18"	136° 58' 08"	42.22 m	9.797 3337 m/s^2
京 都	35° 01' 50"	135° 46' 59"	59.79 m	9.797 0768 m/s^2
広 島	34° 22' 20"	132° 27' 57"	0.95 m	9.796 5859 m/s^2
下 関	33° 56' 56"	130° 55' 36"	0.12 m	9.796 7528 m/s^2
福 岡	33° 35' 55"	130° 22' 35"	31.51 m	9.796 2856 m/s^2
鹿児島	31° 33' 19"	130° 32' 55"	4.58 m	9.794 7121 m/s^2

3. その他

3.1 電磁波の波長

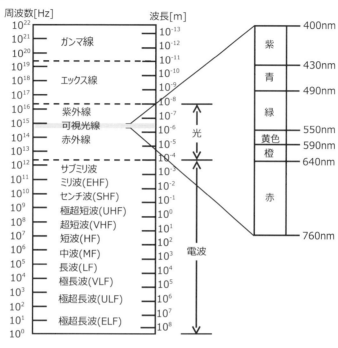

図 **3-1** 電磁波の波長と周波数

3.2 ギリシャ文字

表 **3-1** ギリシャ文字の表記と読み

大文字	小文字	英表記	読み	大文字	小文字	英表記	読み
A	α	alpha	アルファ	N	ν	nu	ニュー
B	β	beta	ベータ	Ξ	ξ	xi	グザイ
Γ	γ	gamma	ガンマ	O	o	omicron	オミクロン
Δ	δ	delta	デルタ	Π	π	pi	パイ
E	ε	epsilon	イプシロン	P	ρ	rho	ロー
Z	ζ	zeta	ツェータ	Σ	σ	sigma	シグマ
H	η	eta	エイタ	T	τ	tau	タウ
Θ	θ	theta	シータ	Υ	υ	upsilon	ユープシロン
I	ι	iota	イオタ	Φ	ϕ, φ	phi	ファイ
K	κ	kappa	カッパ	X	χ	chi	カイ
Λ	λ	lambda	ラムダ	Ψ	ψ	psi	プサイ
M	μ	mu	ミュー	Ω	ω	omega	オメガ

＜参考文献＞

本書の執筆に際して，多くの文献を参考にさせていただいた。その中でも，特に次の図書は重要参考文献である。実験をしているうちに疑問に出会い，さらに研究したいときには本書とあわせて読むことを勧める。

1. 兵藤申一,「物理実験者のための 13 章」(物理工学実験シリーズ 1), 東京大学出版会

2. 近藤正夫編,「実験基礎技術」(実験物理学講座 2), 培風館

3. 物理学辞典編集委員会 (西川哲治委員長),「物理学辞典」, 培風館

4. 永田一清, 飯尾勝矩, 宮田保教編,「基礎物理実験」, 東京教学社

5. 大阪市立大学理学部物理学科,「物理学実験」, 東京教学社

6. 東海大学物理学実験連絡協議会,「物理学実験」, 東海大学出版会

7. 名古屋工業大学物理学教室,「物理学実験」, 学術図書出版社

8. 原康夫,「物理学通論 I, II」, 学術図書出版社

9. 原康夫,「力学」(基礎物理学シリーズ), 東京教学社

10. 永田一清,「電磁気学」(基礎物理学シリーズ), 東京教学社

11. 砂川重信,「電磁気学」, 岩波書店

12. 砂川重信,「物理の考え方」第 1 巻～第 5 巻, 岩波書店

13. 磯 親,「力学」, 東京教学社

14. 磯 親,「電磁気学」, 東京教学社

15. 鈴木芳文, 古川昌司, 太田成俊, 田中洋介, 近浦吉則,「理工学基礎原子物理学」, 東京教学社

16. 牧原義一, 太田成俊, 能智紀台,「基礎物理実験」, 東京教学社

17. 原康夫,「物理学基礎」, 学術図書出版社

18. 国立天文台編,「理科年表 2020」, 丸善出版

索　引

新編 物理学実験〈第3版〉　　　　　　　　　ISBN978-4-8082-2084-6

2011 年 4 月 1 日　初版 発行	著者代表 ©　　出 口　博 之
2018 年 4 月 1 日　2 版 発行	発 行 者　　　鳥 飼　正 樹
2021 年 4 月 1 日　3 版 発行	印　　刷
2023 年 9 月 1 日　2 刷 発行	製　　本　　三美印刷株式会社

発行所　株式 会社　東京教学社

東京都文京区小石川 3−10−5
郵便番号　112-0002
電話　03（3868）2405（代表）
FAX　03（3868）0673
http://www.tokyokyogakusha.com

物理学実験実施記録

類		クラス	
学生番号		氏名	

講義，演習	1. ボルダの振り子	2. ヤング率	3. 固体の比熱
4. 光のスペクトル	5. ニュートン環	6. 光の回折・干渉	7. 電気抵抗
8. 電気回路	9. 等電位線	10. 放射線	

元 素 の 周 期 表 (2022)

族\周期	1	2	3	4	5	6	7	8	9
1	1 H 水 素 1.008								
2	3 Li リチウム 6.94	4 Be ベリリウム 9.012							
3	11 Na ナトリウム 22.99	12 Mg マグネシウム 24.31							
4	19 K カリウム 39.10	20 Ca カルシウム 40.08	21 Sc スカンジウム 44.96	22 Ti チタン 47.87	23 V バナジウム 50.94	24 Cr クロム 52.00	25 Mn マンガン 54.94	26 Fe 鉄 55.85	27 Co コバルト 58.93
5	37 Rb ルビジウム 85.47	38 Sr ストロンチウム 87.62	39 Y イットリウム 88.91	40 Zr ジルコニウム 91.22	41 Nb ニオブ 92.91	42 Mo モリブデン 95.95	43 Tc* テクネチウム (99)	44 Ru ルテニウム 101.1	45 Rh ロジウム 102.9
6	55 Cs セシウム 132.9	56 Ba バリウム 137.3	57 La ランタン ▼ 71 Lu ルテチウム	72 Hf ハフニウム 178.5	73 Ta タンタル 180.9	74 W タングステン 183.8	75 Re レニウム 186.2	76 Os オスミウム 190.2	77 Ir イリジウム 192.2
7	87 Fr* フランシウム (223)	88 Ra* ラジウム (226)	89 Ac アクチニウム ▼ 103 Lr ローレンシウム	104 Rf* ラザホージウム (267)	105 Db* ドブニウム (268)	106 Sg* シーボーギウム (271)	107 Bh* ボーリウム (272)	108 Hs* ハッシウム (277)	109 Mt* マイトネリウム (276)

原子番号 ─ 1 H ─ 元素記号
水 素 ─ 元素名
1.008 ─ 4桁の原子量

ランタノイド

57 La ランタン 138.9	58 Ce セリウム 140.1	59 Pr プラセオジム 140.9	60 Nd ネオジム 144.2	61 Pm* プロメチウム (145)	62 Sm サマリウム 150.4	63 Eu ユウロピウム 152.0

アクチノイド

89 Ac* アクチニウム (227)	90 Th* トリウム 232.0	91 Pa* プロトアクチニウム 231.0	92 U* ウラン 238.0	93 Np* ネプツニウム (237)	94 Pu* プルトニウム (239)	95 Am* アメリシウム (243)